升维

让你人生出众的另类通道

褚明宇 | 作品

中国友谊出版公司

图书在版编目（CIP）数据

升维：让你人生出众的另类通道 / 褚明宇著 . —
北京：中国友谊出版公司，2019.4（2019.7 重印）
　　ISBN 978-7-5057-4579-7

Ⅰ. ①升… Ⅱ. ①褚… Ⅲ. ①人生哲学－通俗读物
Ⅳ. ① B821-49

中国版本图书馆 CIP 数据核字（2018）第 288524 号

著作权合同登记号　图字：01-2019-0776

书名	升维：让你人生出众的另类通道
作者	褚明宇
出版	中国友谊出版公司
发行	中国友谊出版公司
经销	新华书店
印刷	天津旭丰源印刷有限公司
规格	880×1230 毫米　32 开 8.75 印张　179 千字
版次	2019 年 4 月第 1 版
印次	2019 年 7 月第 3 次印刷
书号	ISBN 978-7-5057-4579-7
定价	46.00 元
地址	北京市朝阳区西坝河南里 17 号楼
邮编	100028
电话	（010）64678009

如发现图书质量问题，可联系调换。质量投诉电话：010-82069336

低调一点

/ 目 录 /

/ 第一章 / 人生的凹凸面 ——
面对岔路的时候我们该如何抉择

成功与运气 - 3

Just Forget It(忘掉就好) - 6

人生是一个非凸的优化问题 - 9

一眼看到火葬场 - 14

创业——白努力实验 - 19

20 岁的人生 - 23

保持自卑 - 26

"间隔年"是一种奢侈品 - 29

人生规划 - 33

一碗无毒鸡汤 - 35

焦虑的优越性 - 39

给人生整容 - 43

/ 第二章 / 在工作中找对台阶 ——
走向出众的多元化方式

职场四种人	- 49
第 22 个坑	- 53
如何识别"焦虑的马屁精"	- 56
拖延是个好习惯	- 60
怎么判断一个公司值不值得混	- 63
甲方乙方	- 67
技术男又错了	- 71
站在过道里	- 73
跳槽须知	- 76
以忙为荣	- 80
PPT 是不是一个很没用的东西	- 83
谈薪是个技术活	- 87
中国丽人	- 96

/ 第三章 / 他与她相对论 ——
面对感情的多种方式

婚礼该不该请前女友　　　　- 101
钻石是永远的证明　　　　　- 106
关于渣男　　　　　　　　　- 111
高学历女性单身的科学依据　- 113
北大东门外的蒙古公主　　　- 117
表白之外的商务原理　　　　- 120
一个分手的故事　　　　　　- 126

/ 第四章 / 实现突围 ——
努力让自己提升的技术指南

如何打破冷场	- 133
友谊的三个层次	- 138
"混圈子"的原则	- 140
城市的癌症	- 142
性侵与潜规则	- 146
对昵称负责	- 150
迈克尔·杰克逊有多牛	- 152
认屁很重要	- 156
国际的马拉松	- 159
用餐礼节	- 161
从装牛到真牛	- 164
英语变牛的捷径	- 166
段子付费的时代	- 169

/ 第五章 / **推倒无知的墙 ——**
　　　　　填补你思维的缺口

比特币是什么　　　　　　　- 177

全怪文艺复兴　　　　　　　- 183

高考报志愿算法　　　　　　- 187

被辜负的感觉　　　　　　　- 193

买房的隐性成本　　　　　　- 199

蓝领的未来　　　　　　　　- 201

我为什么不买房　　　　　　- 205

关于装修　　　　　　　　　- 211

一道经典咨询业面试题　　　- 214

年迈的父母总是吵架怎么办　- 219

育儿鸡汤　　　　　　　　　- 223

地球末日生存秘诀　　　　　- 227

/ 第六章 / 寻找自我 ——
我们需要"嘲讽"自己

不断、不舍、不离	- 235
偶遇	- 240
30 岁的我	- 244
怕死的理论依据	- 246
书香门第	- 248
小费的故事	- 250
我的理想	- 255
Acquired Taste	- 258
奥兹国的魔法师	- 261

/ 第七章 / 采访   - 264

〈第一章〉

人生的凹凸面

—— 面对岔路的时候我们该如何抉择

成功与运气

Q 如何看待"每一个好运气的后面都藏着无数的努力"这句话？

"每一个好运气的后面都藏着无数的努力"是一个烂大街的鸡汤，这个鸡汤的版本很多，其中，流传最广的一个版本据说是美国国父之一托马斯·杰斐逊说的：

"The harder I work, the luckier I get."

越努力，运气越好。

至少这个版本比上面这句简洁、上口，这是一个好鸡汤的基本素质。不幸的是，不管有多上口，鸡汤毕竟是鸡汤，几乎跟所有的鸡汤一样，这句话容易理解，激励人心，听上去合情合理……

并且是错的。

关于运气与成功的关系的话题，最深入、数据最翔实的讨论应该是马尔科姆·格拉德威尔的《异类》。这绝对是一本奇书，彻底毁了"成功学"这个买卖，揭穿了常见的成功学鸡汤。

《异类》里的一个核心发现就是：机遇是成功的决定因素。

比如，美国历史上的巨富都出生于19世纪中间短短的几年里，你要是晚生几年，或者早生几年，不管多努力，你都没戏。再比如，你知道比尔·盖茨是哪年生的吗？答案是1955年。你知道乔布斯是哪年生的吗？答案也是1955年。同样的答案，还适用于一大批PC（个人计算机）时代的超级成功者。

这是因为1955年发生了什么奇异的天文现象吗？不是。原因很简单，1975年是PC时代的起点，如果你早生几年，当PC时代到来的时候，你已经开始在别的领域工作了，错过了当PC时代先驱的机会。如果你晚生几年，当你开始工作的时候，PC引领的IT革命已经发生，对不起，你来晚了。不管你是不是比乔布斯还聪明、是不是比乔布斯还爱加班，只要你来晚了，或者来早了，你都当不成乔布斯。

这跟你有多努力毫无关系。

当然了，大部分成功者不愿意承认他们成功的决定因素是机遇和运气，是一些不受他们控制的偶然因素。他们宁可相信，也想让别人相信这一切都是他们自己努力奋斗的结果。于是,"越努力,运气越好"这样的烂鸡汤,才会经久不衰。

哦,对了,杰斐逊基金会官方网站上说,杰斐逊根本没说过"The harder I work, the luckier I get"这句话。这句话最早被说成是杰斐逊语录是在 1982 年,估计是鸡汤贩子干的。

Just Forget It（忘掉就好）

Q 想认识各种各样的人，想去摄影，想去挑战极限运动，还想做很多很多事情……或许想得太多，反而一事无成，可是不想，那么在很多年后，看到我在这里提到的那些梦想，一个个都再也实现不了，甚至完全没有去实现的兴趣，那该怎么办？

我刚上中学的时候，参加过学校的一个管乐队，吹单簧管。每天练习《运动员进行曲》《检阅进行曲》《祝你幸福》几首曲子，坚持了两个学期，实在有点不想玩了。

乐队的指导老师是一个姓张的老头。说实话，张老师还真挺多才多艺的，他先后创办了学校的管乐队、科技兴趣小组——制作"咸汽水"、一本叫《初耕的土地》的文学刊物，还有一堆他一时兴起弄的社团、小组什么的。

跟着张老师玩的，通常都是些刚来的新生，而且过一阵子，这些新生渐渐感觉不对，便纷纷退出。那个年纪的孩子，虽然没有大人那么势利，但最终还是能感觉到这位张老师是一个不受他的同事待见的怪人。说严重点，他其实就是一个"笑话"。

张老师这个悲剧人物的存在，对于中学时代的我而言，是一个不小的刺激。

原因是，我从小一直被人称赞"多才多艺"（弹琴、打冰球、在少年宫练书法什么的），这一直是让我挺得意的地方，对女生也颇有杀伤力。但是张老师的出现给这一切罩上了一种不安，我总觉得在张老师身上能看到我自己的将来，至少是一种看得见的可能性。

我第一次去夏威夷的时候，在威基基海滩住了几天，腻了，就租了辆车围着岛转，记得在一个没有旅游者的荒凉海滩上，有一排很破败的帐篷，我好奇地停下车来拍照（哈哈，真烦人），看见进出的都是一些打扮很不讲究的中老年男女。回来问酒店里的当地人，他们说那是一帮20世纪70年代的文青，在夏威夷住了很多年了。

20世纪70年代。

那时候，他们也就 20 岁出头吧，阳光、沙滩、帅哥、美女、音乐、生活，想象一下，那样的时光，该有多么明媚、多么美好啊！可四十年后呢？在他们身上，你很难再找到一点当年的浪漫，反正我看到的只剩下贫困和艰难，一种被世界抛弃的孤独。

有人肯定会跳出来反驳我说：你怎么就知道人家不幸福呢？也许这就是人家追求的东西，人家内心这样的平静，是多么美好啊！

对于这样的说法，我不想反驳，我只能说：祝你好运。

我觉得我得感谢张老师，要不是他给我的刺激，我说不定也会"追求音乐梦想"，然后成为夏威夷海滩上的一个老嬉皮。不对，我想我还是别装外宾了，我最大的可能是成为一个一事无成的人，一个老"笑话"。

追求梦想是富豪才能拥有的奢侈品，对于你我这样的普通人来说，还是听褚老师的吧：

放弃幻想，轻装前进。

注意到问题中的口号：Just do it!

千万别拿这句话当"追求梦想"的借口，对自己人生负责的口号应该是：Just forget it（忘掉就好）。

人生是一个非凸的优化问题

Q   30多岁的大龄剩女,总觉得得到的所有,无论学历、机会,还是高薪,都跟自己的实力不怎么匹配,没读太多书,智商也一般,下一步不知道该怎么走了……我相信自己,有热情就会有动力去追求,不管结果是什么。可这么大岁数了,我还是不知道自己想要什么,想猛劲尝试,又知时间不多,想去上海闯闯,也想出国读书(逃避?),该怎么选择呢?

应用数学以及计算机学科里有个常用分支叫"Optimization"，中文翻译是最优化。最简单的例子就是，在一个连续函数上找到最大值或者最小值。

对于无约束的优化问题，如果函数是二次可微的话，那么可以通过找到目标函数梯度为零的那些点来解决此优化问题，这些点被称为"鞍点"。对于有约束条件的约束问题，常常可以通过拉格朗日乘数来将其转化为非约束问题。

如果目标函数在我们所关心的区域中是凸函数的话，那么任何局部最小解也是全局最优解。比如下面这个例子（严格地说，这个例子是一个求最大值的问题，这个函数也不是经典意义上的凸函数——不是向下凸，而是向上凸，为简单起见，这里就不纠结了）。

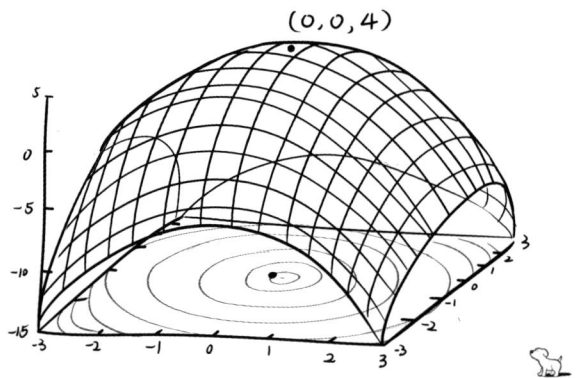

但是，如果一个函数是非凸的，那事情就麻烦了，因为你可能找到了一个极值，但这只是一个局部极值，而不是全局极值，用数学老师的话说：你"陷入"了一个局部极值。比如下面这种情况：

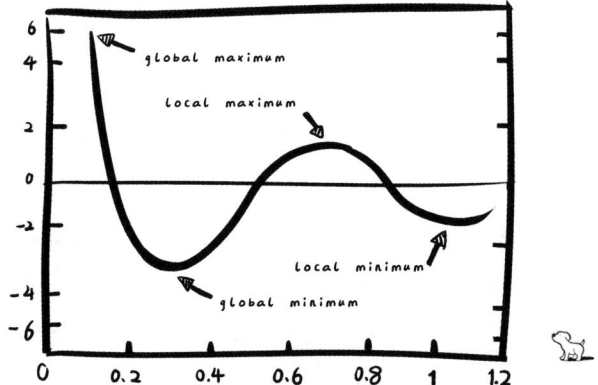

陷入了一个局部极值，这就是你现在所处的状况。

你看啊，首先，你上了一所不错的大学；然后大学毕业，你没做枯燥而危险的化学，而是找了一份应该还不错的办公室工作；再然后，领导器重你，派你去了英国工作，不仅工资高，还长了见识。到目前为止，你人生的每一步都是在往上走。

打个比方啊，这就好比爬山，你从山谷里开始往上爬，每一步都选择往上走，爬着爬着，你发现自己已经站在了山顶上。但不幸的是，你发现你所在的山顶，并不是最高的山顶，你能看见周围还有很多比你所在的山顶高的山顶，甚至有的还高得多。

更不幸的是，你环顾四周，发现下一步无论怎么走，都是下坡，因为你已经站在小山顶上了。

你瞧，这就是你焦虑的根本原因：**人生是一个非凸的优化问题，而你正处于一个鞍点。**

那这问题有解吗？当然有。

一个经典的非凸优化问题的解法叫"Simulated Annealing"——模拟退火。虽然模拟退火在你人生中直接实现起来不那么容易，但是这个算法的精神咱们还是可以借鉴的。以下这段内容，摘抄自维基百科：

"模拟退火来自冶金学的专有名词'退火'。退火是将材料加热后，再经特定速率冷却，目的是增大晶粒的体积，从而减少晶格中的缺陷。材料中的原子，原来会停留在使内能有局部最小值的位置，加热使能量变大，此时，原子会离开原来的位置，而随机在其他位置移动。"

你瞧，关键是你得"加热"，然后"离开原来的位置"。说白了，你不能站在现在的小山头上发呆或焦虑，患得患失只能让你永远在这个鞍点上待下去。

好了，鸡汤讲完了。

下面是褚老师的真实建议：

说实话，就在现在这山头上待着也不错，至少这是一个已知的最高点。尤其是说你"得到的所有，无论学历、机会，还是高薪，都跟自己的实力不怎么匹配"，这不是什么坏事，恰恰相反，这绝对是件求之不得的好事。你知道吗？大部分人焦虑的原因跟你的是相反的，他们总觉得自己怀才不遇。

鸡汤喝得不对，也不一定健康，很多人鸡汤文看得多了，剑走偏锋,跟自己过不去。

所以,正确把握自己,别折腾,珍惜你现在拥有的。褚老师不是说过吗:我未曾珍惜的,我不再拥有。他还经常说另一句话:放弃幻想,轻装前进。

一眼看到火葬场

Q 应该按照自己的想法出国留学,还是留在国内读研,过着稳定但一眼就能看到头的生活?

很多人都说自己"不聪明,只会考试,担心适应不了国外名校的学习氛围",这让我想起了一个人。

我在 UIUC(伊利诺伊大学厄巴纳-香槟分校)上学的时候,有几个特别要好的朋友。有两年,我们几乎每天一起吃饭,注意,不是一起出去吃,而是一起做饭吃。除了我们几个人特别谈得来,属于"一筐里的菜",还有一个有利条件是,其中三个人本来就合租了一套很大的房子，非常适合居家过日子。每天到了吃饭的时间，如果不另行通知，我们都会习惯性地到"豪宅"集合，然后做饭、吃饭、喝酒、聊天。

我们称这个小团体为"公社"。

回想起来，还真挺怀念那段生活的，几个来自天南地北的中国留学生，在美国伊利诺伊州乡下一个大学城里"抱团取暖"（在这里，这不是一个贬义词），那种友谊，那种朋友间近乎亲人的亲密感，后来再没有过。

天下没有不散的筵席。公社后来还是解散了，起因是两个社员谈恋爱了，男社员叫周大为，女社员叫许玲，我们其他几个一开始没觉得这是个危机，觉得社员恋爱，天经地义，实在是太好了，不仅不会影响大家继续在公社"同吃、同住、同劳动"的生活方式，还能增加凝聚力。

还是太年轻！

虽然当年我话已经够多，够能瞎扯瞎总结的了——经常是一个人滔滔不绝地胡说一晚上，用张戎的话说：咱能不能把褚明宇当哑巴卖了。但毕竟只有20多岁，人生阅历太浅，我还没有意识到这个浅显易懂的人生道理，那就是：恋爱对友谊是有排斥性的，尤其是初恋中的人，恨不得成天就他们两人腻着，而其他的人，就算原来是最好的朋友，也最好靠边站，否则肯定会招人烦。

很多学生时代的小集体都是这么解散的，很多友谊也是这么稀里糊涂地玩完的。

扯得有点远了，我本来想说的是公社的一个核心女社员——刘育慧。

刘育慧，江苏泰兴人，本科就读于清华大学，当时在UIUC读机械工程博士，她的导师是一位著名教授，美国工程院院士。

这一切听起来都很正常、很普通，对吧？但是刘育慧绝对不是一个"正常"人——她到美国读博士的时候，只有19岁！还有，我们公社每天的饭几乎是她一个人做的。还有，她在美国一共换了三个系，跟过两个博士导师（另一个是美国声学学会主席），在学校待了六年多，拿了三个不同专业的硕士，但最终还是没有拿到博士学位。

我给她分析的结果是：刘育慧是她自己智商的牺牲品。

很多人不理解，像刘育慧这样一个14岁参加高考，从江苏这么一个高手云集的地方考到清华，高分毕业后，又顺利地去了美国牛校的神童，怎么博士就是毕不了业呢？很多比她笨得多的人，比如我，没费多大劲，也混了个博士学位啊。

问题恰恰就出在这里——她太聪明。对于超高智商的人来说，从小到大经历的那些考试都很简单，期末考试你可能得复习两星期，而刘育慧可能只需要一晚上，几乎所有的学习、考试都是临时努力一下就能搞定的。因此，她可能从来没有为做成一件事花费几天甚至几个月的时间的经历和习惯。

这样的学习风格，从小学、中学一直到大学本科，甚至是硕士都没问题，因为本质上，硕士以下的教育都是在对付考试——有一个规定好的、明确的、短期的目标让你去完成。但读博士就完全不同，一下子不考试了，而是要你花几年的时间去完成一项目标模糊的工作。在这种模式里，高智商的优势反倒没那么明显了，而那些能"吭哧吭哧"习惯于发扬老黄牛精神的人，往往能一遍又一遍地辛勤灌水，最终混出个学位来。

如果你是个从小没费过劲的神童，那这种模式简直是致命的。你瞧，刘育慧每天有的是时间和爱心给朋友们做饭，同时也完全不耽误上课、考试，可她就是无法费那份劲去做研究。

你的机会来了。

就好像很多人说自己智商一般，拼的是勤奋和努力。听着绝对像是出国读博士的料！这绝不是我编出来哄你玩的。事实是，这是一个烂大街的鸡汤，据说诺贝尔奖获得者丁肇中老师说过，成功是百分之×的天分和百分之××的努力之类的，具体数字不记得了，好像爱迪生老师也说过类似的话，也许还有马云、李嘉诚。

我啰唆了半天，其实就是想告诉你，出国是一个很好的选择，尤其是像你说的你"不知道自己想要什么"的时候，出国上学是一个推迟决定的办法。而且，如果你留在现在的单位，那人生基本就这样了——一眼看到火葬场，而换一个全新的环境，谁知道会有什么惊喜在等着你呢！

许玲当年好像就是不满意当时的工作，所以才辞职出国留学的。

剧中人物后续：

刘育慧后来去了一家著名的咨询公司，咨询的套路很适合她——每个项目都很短。几年前，她被派回上海。我刚来上海的时候，她请我在外滩吃饭，俨然一副上海主人的样子。刘育慧现居普林斯顿，专心相夫教子。

周大为、许玲后来结婚，至今全家幸福地生活在纽约长岛。

创业——自努力实验

Q 在这个创业大潮中,假如现在让你去创业,你会选择哪个具体方向?为什么选择它?在资金、技术、人才不足的情况下,怎样去实施自己的创业梦?

两个问题。

第一个问题是:在这个创业大潮中,假如现在让你去创业,你会选择哪个具体方向?为什么选择它?

第二个问题是:在资金、技术、人才不足的情况下,你怎样去实现自己的创业梦？

今天重点说一说第一个问题吧。

你这个问题有点像：褚老师，在这个全民炒股的时代，如果让你去炒股，你会买哪只股票？为什么选择它？

这种类型的问题里有三个隐含的假设：一、存在某种最优选择；二、回答问题的人知道这个最优选择；三、这个最优选择适用于包括你在内的所有人。

就拿股票来说吧，这个问题假设在任何一个时刻都有这样一只股票，买了将来肯定会发财，并且我可以预测未来，知道这只股票未来的价格走向，而且如果大家都得到了这个信息，那么大家都能发财。

这个问题的关键就在于，这三个假设不能同时被满足。

假如真有这么一只好股票，而且我还真能预测它的价格走向，但是，一旦这个信息尽人皆知，那它的价格马上就会被炒上去，于是，好股票变成了坏股票。也就是说，如果第二条和第三条假设成立的话，那么第一条就不再成立了。

当然了，满大街的那些股评师不会告诉你这些，他们每时每刻都能信誓旦旦唾沫星子乱飞地向你推荐某只股票。问题是，你问10个不同的股评师，会得到10个不同的答案，而从统计上来看，他们并不能给你提供任何可以让你发财的信息。

有人甚至做过这样一个实验，比较两个不同的投资策略，一个投资策略是根据专业分析师的分析和推荐买卖股票，另一个是让一只猴子选股票。比较结果是，两个投资策略都是时赢时输，但总体来说，股评师的选择跟猴子的选择一样好！

现在，你知道为什么你一直关注着各种所谓股市大咖却一直没挣到钱了吧？

褚老师不是那样的人。

而且，从某种意义上说，创业比炒股还要糟糕，还要难以预测。任选一只股票，你在某一时刻猜它在下一分钟是会涨，还是会跌，你猜对的概率基本是50%，这也是为什么就算是猴子炒股也不会大亏。但是任选一个创业公司，让你猜它两年之后是什么状态，从数学上讲，最靠谱的答案是：这家公司已经倒闭。

粗略地说，股票涨跌的期望值基本持平，而"创业"这个随机变量的期望值基本是失败。注意，我说的期望值不是创业公司挣多少钱的期望值，而是创业成功与失败这个随机过程的期望值。挣钱的期望值还是很高的，要不怎么有那么多风投往里砸钱呢。而问题是，挣钱的分布很畸形，几个成功了的创业公司挣到了大头，而绝大部分创业公司都是以失败而告终。

失败是常态，成功是偶然现象。

在统计学里，这种只有成功和失败两种结果的随机实验叫作"Bernoulli trial"，如果音译成中文，差不多就是"白努力试验"。

作为一种赌博，我建议你去炒股，而不是去创业。

你也许会说：我只有一次青春，想去赌一把。你说反了，如果你有很多次青春，那我倒会建议你去赌一赌试试，因为一旦成功，你将获得极大的收益，这时候，你应该考虑的是挣钱的期望值，这恰恰是风投的商务模式，投一大批创业公司，只要有一两个成了，那就发了，他们是拿着一大批创业者的青春在赌博。

如果你只有一次青春，那褚老师不建议你去参加一个期望值基本等于失败的"白努力试验"。

还是那句话，放弃幻想，轻装前进吧。

20 岁的人生

> **Q** 23岁,在深圳一家银行做客户经理,周围的人认为我的学历能得到这份工作,很幸运,很来之不易。可是做了一年多,我觉得自己已经看到了我人生的全部,于是有了辞职学语言出国留学的想法。希望您能给个建议和切实可行的办法。

一

我去美国那年20岁,跟你现在的年纪差不多。

而跟你不一样的是,我当时并不想出国。那时候,我在北京有一帮很铁的哥们儿,有个水平不怎么样但是很拉风的乐队,有热恋中的女朋友、暗恋中的小美女，还有一拨对我有不切实际幻想的仰慕者，反正是挥霍青春的大好时机。

20世纪90年代初的北京，没有现在这么繁华热闹、高楼林立，也没有现在这么多天天做创业梦、一心想爆发的"有志青年"，中关村基本上只是个攒贴牌电脑的农贸市场。但是回想起来，好像一切都在暗中酝酿，等着后来故事的开始。

邻居姚欣因为偷自行车被学校开除，几年后，跟人合伙开了一个网站。另一个邻居前女友小玉高中辍学——她妈妈的说法是褚明宇害的，先是去泰国游历一圈，然后回北京瞎混，在一个饭局上认识了刚回国不久的张朝阳。后来她成了搜狐元老。

大学时代最好的朋友北大物理系学生周晓成，因为一门公共必修课不及格，居然没拿到毕业证，回昆明老家电视台工作，随即下海搞广告公司发了横财。

我将来的前妻因为某些特殊原因先是被留校察看，然后被北大开除，回天津老家，正赶上一家新民营保险公司成立天津分公司。她这么一个北大肄业走投无路的人去卖保险，一路高升，三年后，居然有了自己的司机。

对了，那家小公司叫平安保险。

哈哈，你该说了，褚老师的朋友圈很可疑啊，怎么一个个都是被开除的？这不是我想说的。我想说的是，就是在姚欣被开除、周晓成被肄业、小玉被退学、我未来的前妻犯错误的时候，我离开北京去了美国。在当时的旁观者眼里，我做出的是一个理性的选择，甚至跟那些留在北京挥霍青春到肆业，到被开除的邻居、朋友比起来，我好像是某种令人羡慕的"成功案例"。

但是……

用一句美国人的套话：The rest is history.

剩下的都是历史。

二

时间快进 25 年（¼ 个世纪啊）。

姚欣据说早就财富自由；小玉当了华纳音乐中国区 CEO，晓成在搞私募基金，跟人打电话张嘴净是几万吨之类的；我前妻不幸跟了我，后来去了美国，中断了在平安的仕途，现在加州一个成功创业公司负责中国业务，只等公司上市退休。

而我呢，¼ 个世纪之后，还在这里吭哧吭哧地写字。

所以你说：褚老师，你说了半天，是想告诉我不应该出国吗？

不是。我想说的是，在你 20 岁出头的时候，千万别太理性、太功利，别去做那些在周围人眼里看起来合情合理，甚至是令人羡慕的"安全"选项。

别跟当年的褚明宇学。

对于当年的我来说，出国是一个安全、"负责"的选项；而对于你来说，留在现在的单位不出国，才是安全、"负责"的选项。

如果你出国的目的是"发展"，那我建议你还是留下来吧。但是，如果你出国的目的是挥霍青春，那么我坚决支持你的决定。

保持自卑

Q 有时候很自卑怎么办？虽然努力提升，可是不经意间还是会暴露自己的本质，比如说话习惯很大声，有些不适宜说的话也容易不经过大脑说出去；有时不自觉地驼背等影响形象和气质的言行，情绪低落的时候，会觉得自己一无是处，特别自卑。该怎样突破，练成一看就很有修养的样子呢？

我以前在美国上学的时候，认识一个人叫小黄，北京人，清华毕业的，按说素质应该还行啊，可是这人吧，有一个特别突出的缺点——太爱说英语。

当然了，说英语本身不是什么问题，问题是他英语能力有限，而且总以为自己的英语特别好。这往往会闹出很让观众尴尬的笑话，而他自己还浑然不知，弄得有他在场的时候，大家总会有点紧张，不知道他什么时候会冒傻气，把你给弄脸红了。

比如说，他很长一段时间一直以为"guy（人）"跟"gay（同性恋者）"是一个词，在系里的楼道里，跟他迎面碰上，他会用很爽朗的语气大声说：

"Hey gays, how's it going?"（你好同性恋，近况如何？）

我确定他没有见谁说谁是男同性恋的意思。李葆春老师说话一贯比较礼貌、严谨，他说："小黄这人的问题是，他使用的词汇量大于他掌握的词汇量。"

你的这个问题有关自卑。关于自卑的话题，你要是问别人，标准答案肯定是"鸡汤"，他们会跟你说一堆"自信有多重要"之类的套话加废话，基本就是"人有多大胆、地有多大产"这个套路吧。

但褚老师不是那样的人。

黄威的故事告诉我们，"自信"不一定是什么好事，如果你的自信跟实际水平有差距，那么自信只能让你丢人现眼。

除了骗你去丢人，自信类鸡汤的另一个问题是，没有可执行性。跟一个不自信的人说，只要你自信就好了，就好像说长寿的秘诀是一直坚持不死。

幸运的是，你不是小黄，你不自信，这恰恰是你可能获得提升最重要的条件和基础。你在问题里说你"说话习惯很大声，有些不适宜说的话也容易不经过大脑说出去，不自觉地驼背等影响形象和气质的言行"，能清楚认识到自己的不足，并且不加掩饰地说出来，你已经比小黄之流高了好几个段位了。

你知道吗，如果有一天，小黄意识到他把"gay"和"guy"搞混了，其实改起来很容易，他只需要说：

"Hey guys, how's it going?"

一切就都万事大吉了。

改变是容易的，困难的是发现和承认自己的不足。最后，褚老师还是送你一句鸡汤吧：**保持自卑，保持自我怀疑**。

"间隔年"是一种奢侈品

Q 怎么看待"间隔年"和人生的第一份工作?应该去尝试一下,还是老老实实去工作?

你知道吗,有些人在回答问题的时候,有两个常见的套路。

一个是:This is an interesting question. ——这是个有趣的问题。

你一听"有趣的问题"特别高兴,以为他们夸你了。错!美国人这么说的时候,不说明别的,只说明他不知道该怎么回答你,说问题"有趣",只是一种搪塞、拖延的办法。更糟糕的是,他的真实想法很可能是，这是一个烂问题，但是出于正能量，他们会努力把坏事往好里说，于是，"烂问题"就变成了"有趣的问题"。

我在美国上学的时候，这是教授遇到不想回答的问题时最爱说的一句话。不过，也有例外。有一次，一个英国客座教授实在受不了了，他说："我知道在美国礼貌的说法是说'这是个有趣的问题'，但是请让我今天说一句实话——这是个弱智的问题，就好比我刚给你们讲过一加一等于二，结果你又天真地举手问，一加一等于几啊？"

这是一个套路。

另一个说法是说：It depends.——要看具体情况。

这样的答案通常是回答者不想正面回答你的问题，但又想装的表现，我前段时间玩分答（付费语音问答），发现很多答主不管回答什么问题，都是这个套路。

看来，这一招在哪里都挺好使。

但褚老师不是那样的人。我通常喜欢给你一个直接的、具体的、可执行的答案。就算充满了我个人的偏见，就算会得罪人，但至少不会让你不知所措，或者听着听着觉得无聊，在一分钟之内走了神。

但是——

你瞧，凡事都有个"但是"。

那么，我怎么看待"间隔年"和人生的第一份工作？是去尝试一下它呢，还是老老实实去工作？

但是我今天想到的回答居然就是这两句：

This is an interesting question, and the answer is: it depends.

我真的觉得这是一个很有趣的问题，并且，这个问题的答案是，要看具体情况。

如果你是一个贵族，或是一个生活无忧的人，那么，我建议你大学毕业之后，不必急着去工作，"间隔年"是一个很不错的选择。

我博士导师的小儿子是个天才，他19岁麻省理工毕业，按照很多人的说法，算是科大少年班的料，他本科毕业之后，去东南亚做了几年义工，等到22岁，才又回到学校读研。

我导师的夫人跟我说，他们不是特别理解这种选择，但是孩子自己的人生还是得他自己做主。她也不止一次问过她儿子为什么这么做，她得到了一个让她有些莫名其妙的答案。她儿子说："不想跟比我年纪大的人一起上学。"

说起来容易，做起来难，你说他的自信和勇气是从哪里来的呢？说白了，还不是他的家境和地位。

再给你举个熟悉的例子吧——罗永浩。罗永浩从中学毕业之后，到创办锤子科技这段漫长的时间，严格地说，都是"间隔年"，他一直在自由自在地探索、尝试，体验不同的东西，直到有一天，他找到了自己在这个世界上的使命，然后像疯了一样地投入其中。

你说老罗的自信和勇气又是从哪里来的呢？

很多人的一大错误就是误以为自己也能成为老罗，他们彻底弄错了,其实"间隔年"是一种奢侈品。

一个真正的贵族是不需要工作的,工作对他们来说是一种特异的选择,而"间隔年"才是常态,很多贵族一辈子就是在"间隔年"中度过的。

所以说,It depends……

如果你是一个普通人,那我建议你老老实实地去工作。

听褚老师的吧,没错。

人生规划

Q 30岁以前,人生该怎么过?相比"男人什么时候觉悟都不晚,尽情玩吧",越早地规划人生,且坚决地执行,是否在概率上更容易获得成功?

我无比讨厌"人生规划"这个说法。

更闹心的是,最近网上忽然像雨后春笋似的冒出一堆自称什么"人生规划师""生涯规划师"之类的人,甚至是"国家认证人生规划师"。

褚老师告诉你一个特别准的办法吧:如果有人总爱把两个词挂

在嘴上：一个是"100万"，注意，不是200万或者600万；另一个是"财富自由"，那么他一定是个骗子。

你想啊，一个小白领，天天加班无出头之日，现在有人跟你说，花一份盒饭的钱跟我学，就能财富自由，这么好的事要是真的，谁不动心啊？

可能是我这人比较自私吧，我一直没明白，一个"财富自由"的富翁为什么不去晒晒太阳，而非要在这里吭哧吭哧地挣你那份盒饭钱呢？

我看你还是把钱省下来吃盒饭吧。听褚老师的吧，没错。

问题答完了，下面是赠品。

约翰·列侬写过一首歌叫 Beautiful Boy（Darling Boy）（《漂亮男孩》），是写给他儿子的，写完不久，他就死了。保罗·麦卡特尼说这是列侬写过的歌里，他最喜欢的。

其中有一句歌词是："Life is what happens while you are busy making other plans."

生活就是你在忙着制订其他计划的时候发生的事情。

一碗无毒鸡汤

Q 作为单亲妈妈，想离开原来的稳定工作，去上海试试，但是周围没有一个人认同，觉得这是作死的节奏！上海竞争激烈，压力也大。我也清楚自己能力有限，可是有时候想试试！所以，我应该继续混吃等死，还是选择离开，去上海？如果选择离开，那我是继续做老本行的工作，还是选择其他的工作重新开始？

前几天的一个晚上，当我忽然在手机上收到李霞发来的一连串

老相片的时候,真的是毫无防备地被触动了一回。照片里出现了我妈、我爷爷、我后奶奶,还有当年家里、院子里的很多场景,那些当年的花啊、草啊、竹林啊、石头什么的,看上去很熟悉,又很遥远。

这样的东西对于我这么一个"怀旧病"晚期患者来说,简直是要命的。

照片的间隙中,李霞发了几条微信语音,她显然是喝多了,说了一些在完全清醒的时候通常不会直接表述的情感,应该是喝了酒的缘故,她有一点点激动,但是这丝毫没影响她的思路和组织语言的能力,她的原话我就不引用了,中心思想是:她很怀念1990年她刚到北京的那段日子。李霞现在是北京一家颇有名气的建筑装修公司的老板,除工人以外,她公司光是项目经理就有80多人。前几年,家里老房子粉刷,开工那天,她带了一批公司的管理层来参观她年轻时候"生活、战斗过"的地方。从那些人对她的态度中,你不难看出她的成功和地位。当然了,还有她开的豪车。

她说:"明宇,你在北京需要开车吗?跟我说,千万别客气,我那里有车,反正闲着也是闲着。"

第一张照片,李霞应该是19岁。

记得有一天我回家,一进门,李霞就说:

"褚明宇,有人欺负我,你帮不帮我出气?"

"……"

"一个摊煎饼的,就刚才。"

"……"

"他盯着我看,我……"

想起来很惭愧,当时我应该正是能打架的年纪,但是我还是没有鼓起勇气去帮李霞打那个无理的煎饼摊小贩。不过第二天,我发现家里的后院居然出现了一辆摊煎饼的三轮车,回想起来李霞的执行力,在当年就已经有了迹象。

说实话,我对李霞的记忆只有两个时间段,一个是她19岁至20岁的时候,一个就是多年后,她已经成了建筑公司老板的样子,中间的20多年在她的生命中都发生了什么,我一无所知。从这两个有限的时间段里,我能拼凑出来的故事线索就是:

一个女生在19岁的时候,一人来到北京,在北京生活了20多年,在40多岁的时候,已经是一个成功的、生活幸福的女老板。这是一个励志的鸡汤故事。李霞不是我女朋友,也不是北大的同学,她是在我家打过工的一个安徽女生。

鸡汤讲完了。很抱歉,我没办法给你一个特别详细的人生计划,但是我试图告诉你的是,离开你现在的生活去上海,是个很勇敢、很牛的选择。

离开熟悉的环境,去一个陌生的大城市,一定会增加未来的不确定性,而这不正是你需要的吗?现在的生活确定性太强,用李葆春老师的话说:一眼看到火葬场。李老师说这话本来没有贬义,他是在描述他自己从事学术工作的稳定和安逸。但显然,你现在拥有的确定性跟李老师的不同,这不是一种让你愉快的确定性,不是能够让你高高兴兴奔向火葬场的那种确定性。

既然如此，不如在去火葬场的路上绕个路，去趟上海或者北京，毕竟不确定性的另一种好听的说法是：可能性。北京、上海能给你提供的是最大的不确定性，也就是最大的可能性。

我知道李霞的经历跟你的不可比，但是我一想到身边有一个没上过大学的女生，自己来到北京闯荡，然后改变了人生轨迹，我就无法允许自己劝你留在北方的家乡，我无法替你否定那些本来可以属于你的所有可能的人生轨迹。你知道，我一贯是个好揭露鸡汤的人。但每次一想到李霞，我就无可救药地变得很鸡汤。

未来没有保证，但是你应该去试一试。换句话说就是：放弃幻想，轻装前进。就当我的这些废话是一句鼓励吧！

焦虑的优越性

Q 今年33岁,三流的本科院校毕业,工作快10年了。最近的五年里,我晚上经常做同一个梦(几乎都是相近的内容),就是回到高中,回到高中可以重新参加高考。我始终为自己少壮不努力耿耿于怀。三流的大学就是一个贴在我身上的标签,我非常介意。有时,客户无意间问及我毕业的学校,我会面红耳赤。当然,这个标签现在也改变不了。我似乎觉得自己终将辜负这个风起云涌的时代,每每想到这些,我就很沮丧。但我并没有自暴自弃,我依然很努力,只是我怀疑这份努力终将是徒劳的。有什么好的建议吗?

从这个问题里，我可以感觉到焦虑。

恭喜，这是一种正确的、有长期好处的反应。

你们知道吗，那些上了一般大学或者干脆没上过大学的人，对于一般大学、名校这个话题，最常见的反应不是焦虑，而是denial（拒绝）。他们经常会找出一些个别的极端案例来说服自己"没上好大学"不是一件坏事，鸡汤喝多了的，还会产生一种"这是成功必经之路"的错觉。

名校毕业没好下场的案例也一贯很有市场，比如什么某偏远小镇惊现北大毕业生卖猪肉这样的文章，绝对是媒体的流量担当，五道口清华大学毕业有什么用，反正也买不起五道口学区房这类的段子，被广为传颂，也是同一个道理。

由此可见，广大人民群众喜闻乐见的故事情节是：名校毕业没有用，一般大学毕业发横财。

拒绝是人类一种常见的应激反应，在碰到令你不愉快的事情的时候，你的一种本能是假装这事没发生。比如，你刚刚失恋，或者你的一个亲人刚刚去世，最开始一段时间，你会觉得这不是真的，处于一种拒绝承认的麻木状态，往往是一段时间以后，你才会真正意识到事情的严重性，而开始悲痛。

有趣的是，从统计学角度讲，亲人去世跟失恋对人造成心理创伤的持久性，是明显不同的。

你猜猜，丧偶和失恋，哪个坎更难过？

记得《经济学人》上讲过一个心理学实验，实验比较了丧偶、失恋、失业等几个常见的人生挫折，在实验人群中引发焦虑、抑郁的比例和持续的时间。结果有点出乎意料，发现失业、失恋比丧偶造成的长期负面影响要大得多！

妻子、丈夫去世，大多数人痛苦一段时间就好了，而一次失业的经历，即使后来找到了工作，却往往还是能引发人长期的痛苦和焦虑。

文章的作者是这样解释的：从进化心理学来看，丧偶的确是一件很糟糕的事情（影响你基因的繁衍），但是，丧偶往往不是由于你的过错导致的，所以负面的心理刺激并不能有效地导致有利于你生存、繁殖的行为变化。但失业或打猎失败，却往往是你的过错或者能力不足导致的，负面的心理刺激有助于你记住这个教训，然后做出有益于你长期生存、繁殖的改变。从这个角度来看，失恋更接近于失业，而不是丧偶。

这是进化的选择，让你有机会变得更好。

那高考失利是更接近丧偶，还是失业呢？显然，周围的人里有两种不同的反应，一种反应是我刚才说的，拿马云安慰自己的那种，这种人的反应要么属于拒绝（还处于麻木阶段），要么是把高考失利当丧偶了，难受两天，就已经没事了，这一种最常见。

另一种反应就是你在问题里描述的这种，一直觉得高考失利是一个挥之不去的阴影。显然，对于你来说，高考失利更像是失业、失恋。你这种情况其实并不多见，至少很少人敢像你一样公开承认。

你要问我，我觉得你的反应是正确的反应，是最有益于你生存、繁殖的反应。因为你的焦虑，你和你的子孙也许会比那些高考失利的××过得更好。

这不是褚老师为了安慰你而编的，这是进化心理学说的。

给人生整容

Q 感觉工作没前途、工作环境差。想考研（MPAcc专业会计硕士，想考北京或天津的学校），考上以后辞职。但是家里人都反对，理由是找个如此长期稳定、工资尚可的工作很难，自己也怕读完研后，在外地的生活不如现在。应该坚持考研，还是继续平淡稳定的生活？研究生毕业的时候大约是27或28岁，找工作会有什么劣势？想听听近期毕业的研究生在一线城市过着怎样的生活。是什么支撑着这些人继续在北京奋斗？

一九九几年的时候,美国有一部收视率挺高的电视剧叫 NYPD Blue(《纽约重案组》),从名字你就能看出来,这是一部刑侦、警察题材的电视剧,背景是纽约。这部电视剧有两点在当时算是"创新":第一是大量使用手持运动摄像,看多了特别晕;第二是警察生活戏成分很多,而且内容丰富。

想起这部电视剧,是因为你的问题让我想到了这部电视剧里的一句台词,那场戏是在警察局里的男更衣室里,一个年轻警察问电视剧的男主角——一个30多岁、刚离婚不久的警察,离婚是怎样一种体验(哈哈,这句式听着怎么有点知乎体啊),男主角的回答是:"离婚本身不是一件快乐的事情,但是离婚能给你获得快乐的权利。"

虽然这位警察的台词有点玩深沉的嫌疑,但我还是觉得挺有道理的,要不然我也不会过了20年还没忘。

就像问题中所说的,现在很多人的问题是:感觉现在的工作没前途、工作环境差,想考研,然后换个工作,但是你对未来的前景又不是很确定。

问题虽然是跟工作、事业有关,但是这种举棋不定的心情,感觉上倒是非常像一个身处不幸福婚姻的人对于该不该离婚的纠结。一方面,觉得现在的婚姻不够幸福快乐;另一方面,又不确定离婚以后,是不是一定能有更好的结局,而且,就在犹豫的时候,又想起了现在老婆的种种优点,想着说不定她将来的脾气会越来越好。

我想说的是,我完全可以理解你们的犹豫,这是人之常情。但是，记住上面那句台词：离婚本身不是一件快乐的事情，但是离婚能给你获得快乐的权利。

说真的，你所面临的选择和变化，要比离婚还严重得多。

离婚是离开你现在的配偶，虽然这是生活中一个重要的变化，但是变化的数目是：一。而在你现在的计划里，你将要面临的变化包括：一、离开你现在的身份——从上班族变成学生族；二、离开你现在的城市——从山西大同去北京、天津；三、离开体制内——放弃现在的工作（20世纪80年代称这种行为是"下海"）；四、离开一个你熟悉的行业——从煤炭运输，到不知道将来什么行业。

变化的数目是：四。

听起来很吓人是吧？那褚老师说了半天，是想说你不应该这么做吗？当然不是。正相反，这恰恰是你应该走出这一步的理由！

我一贯很羡慕那些其貌不扬的人，因为他们有一个简单、有效、迅速、彻底改变人生的途径，那就是整容。一个女人原来丑的地方越多，那么整容带来的改变就越明显。相比之下，一个混得不好的美女要想改变人生，则需要付出大得多的努力。

你即将抛弃的那四样东西，除了第一个，其他三个，说真的，一点都不值得留恋，要是我是问题中的你们，我会毫不犹豫地离开。而且就算是第一个——从上班族变学生族，我觉得也挺不错，不说你将会获得的知识和学位，我一直觉得校园生活本身也是一种很珍贵的人生体验。我在学校里一直赖到了30岁出头才开始工作，你才二十四五岁,而且即将回到学校,我太羡慕你了。

　　我真的很羡慕你,羡慕你在此时此刻有一个彻底地换一种全新的生活的选择。

　　别犹豫了。

〈第二章〉

在工作中找对台阶
—— 走向出众的多元化方式

职场四种人

Q 一个职场故事。

首先声明一下,我一贯讨厌"职场"这个词,透着一股削尖了脑袋往上爬的势利小人嘴脸。就像"的士",本来不太高级,但是一经宣传,形成被广泛接受的局面,就变得越来越难以避免,不管多烦人,为了提高交流效率,你还是会选择使用。所以,虽然我在下面的答案里会用到"职场"这个词汇,但是每看到一次,请脑补一次皱眉表情。

说到"职场"这个话题,就很难避免另一个烦人的词——"团队"。团队就是你跟什么人一起工作，它在职场里是很重要的部分，也许还是最重要的部分。

今天，褚老师就讲讲团队。具体来说，是讲讲一个团队里有哪几种常见角色。这可能是关于团队这个话题你能看到的最诚恳、鸡汤最少的答案了，看完以后，你会不由自主地按照褚老师的正确思路，给你的领导、同事，还有你自己分类，然后……

老规矩，每看到一次"团队"，麻烦自动脑补皱眉表情。

一个团队里有几种典型角色呢？两种——男的、女的，男女搭配，干活不累？错！老板喜欢的、老板不喜欢的？错！三种——资历深的、资历浅的、资历中等的？错！搞开发的、搞测试的、搞项目管理的？这都是什么呀？

不管是什么领域的工作，互联网、高科技、广告、会计、金融、餐饮……不管是什么类型的企业，国企、外企、民企……不管是多大的规模，20个人、100个人，还是5个人，一个团队里只有四种典型角色：

一、Direct commander 直接指挥者

这一类通常很好识别，最常见的情况就是团队名义上的领导，比如经理、总监、副总裁之类的。团队里这种角色自己通常不需要直接参与具体任务的执行，而是通过发号施令来指挥、监督团队的工作。但是你知道吗？虽然"直接指挥者"看起来应该是整个团队里最重要的人，但实际上，他们往往并不是最有影响力的成员。最

重要、最有影响力的成员其实是第二种。

二、Indirect commander 间接指挥者

这一类人不管是头衔，还是什么，在外人看来跟团队其他普通成员没什么明显差别，但是对于团队内部的人来说，这一类人才是真正的指挥者，具体工作的方向、方法到分工，这个人都会有极大的发言权，命令可能是直接指挥者发出的，但主意是间接指挥者的。间接指挥者往往是一个团队里过得最滋润、状态最好的，领导听他的，同事也听他的，很多事情他并不需要自己去做，而是可以分派给其他同事。

当然了，这么好的事，谁不想当呢？对吧。所以，能扮演间接指挥者角色的人，通常还真得有两下子，同事得服你，老板得信任你。还有，想当间接指挥者，你必须得有第三种人的帮助。

三、Giver 奉献者

奉献者是一个团队里最珍贵的物种，他们的业务水平不一定比间接指挥者低，但是出于性格、资历、年龄等原因，他们不跟间接指挥者竞争，而是选择依附于一个间接指挥者默默奉献。说白了，这类人就是干活的，一个团队里在执行层面上的主要工作都是他们做的。一个好的间接指挥者通常是非常善于发掘、珍惜、笼络奉献者的。

但是奉献者的工作一点也不滋润，干的活最多，得到直接指挥

者的认可却不多,而且,还有第四种人给你捣乱。

四、Nervous pleaser 焦虑的马屁精

这种类型的团队成员水平最低,不干活,是那种一心想着在老板面前加分的类型。任何一个团队里都有这样的人,在一个用人不善的团队里,有时候,这样的人还会是大多数。他们干活不行,但是抢功劳、推责任的精力却很旺盛。他们表面上往往又有一定迷惑性,很急于讨好领导和同事,甚至会让人误以为他人很好、很无害。

还有,这种人的一个特点就是爱看职场鸡汤。

最后总结一下,如果你是一个职场新人,那褚老师的建议是,你要先踏踏实实做一个奉献者,找到一个可以信任的间接指挥者,避免跟那些焦虑的马屁精纠缠。等你有了能力和口碑的积累,去寻找你自己的奉献者,做一个间接指挥者。

最后,尽量别使用"职场""团队"这种词。

第 22 个坑

Q 在事业单位工作，是不是要和领导搞好关系，才有更大的机会获得升职？工作 8 年没有升职，工作业务上没问题（计算机方面的工作），在领导面前，表现能力欠缺，有些理想主义。我的问题出在哪里？求指点。

美式英语里有一个常用说法叫"Catch-22"，专门用来描述那种不管你怎么选择，但都没有出路的两难境地。

比如说你是一个外地人，想找个上海女生结婚，女生说"好啊，你在上海买了房，我就嫁给你"，于是你去买房，卖房的说"好啊，你老婆有上海户口就可以买房"。结果就是，不管怎么做，你都结不成婚，也买不了房。

Catch-22这个说法的出处是美国作家约瑟夫·海勒（Joseph Heller）在1961年出版的一本同名小说，书里说第二次世界大战的时候，美军规定，如果你能证明自己是精神不正常，那就可以不上战场打仗，但是，如果你能证明你自己精神不正常，那你精神就足够正常。所以，不管怎么样，你都摆脱不掉上战场的命运。

这本小说后来还被改编成了电影，中文翻译是《第22条军规》。插句嘴啊，Catch这个词翻译成"军规"，虽然跟故事情节有关，但是并不是很贴切。这个词在这里的意思是指那些隐含的对你不利的条件，翻译成"圈套"会更准确一些。

但是"圈套"还不是最好，这词太大、太严肃，我能想到最好的翻译是"坑"，要是让我翻译，我会把这部电影翻译成《第22个坑》。

现在，很多人面临的状况就是Catch-22。

如果你在一个有发展前途、靠谱的单位里跟着一个值得追随的靠谱领导，那么升职是不需要送礼的。不仅不需要送礼，而且你千万不能送礼。如果你在这样的地方给这样的领导送礼，只能证明自己低能，是势利小人，领导会觉得你傻。对升职没帮助是小事，弄不好还会把你开除了，最好的情况也是在领导心中减分。

如果是另一种情况，你发现周围的同事升职都得靠送礼，那为了升职，给你领导送礼的确是一个可行的方案。问题是，一个收礼才给你升职的领导，绝不是什么值得追随的靠谱领导；一个升职靠送礼的工作单位，也绝不是一个有发展前途的靠谱单位。结果是，你倒是升职了，但是有限的青春都浪费在一个糟糕单位的一个傻缺领导底下了。

所以，不管你是送礼，还是不送礼，都不会有好结果——Catch-22。

那你该怎么办呢？出路还是有的。

你一个外地人找了个上海女生想结婚，女生说"好啊，你在上海买了房，我就嫁给你"。出路很简单——分手。上海有的是重感情、脑子好的女生，找到这样一个女朋友，先结婚，然后买房子，一切不就都迎刃而解了？

你一个"计算机方面业务没问题"的青年想发展事业，何必纠结该不该给领导送礼呢？出路很简单——辞职。你所从事的领域可能是人才最抢手、跳槽最容易的领域了，换个好的公司不就柳暗花明了？

Catch-22作为电影名翻译成《第22个坑》还行，可当作日常用语，还是太啰唆了，而且不知道典故的人会觉得莫名其妙，比如今天我一上来就说：您这是第22个坑啊！你肯定会觉得我有病。

想了想，但没想到中文里有什么特别贴切的对应说法，要不就叫"死胡同"吧。

如何识别"焦虑的马屁精"

Q 我们应该怎样去识别身边的潜力股和潜在的 loser（失败者），从而找到自己的奉献者，远离那些焦虑的马屁精呢？

一

去年感恩节，分答上有人问我：如何判定"有心机的人"？我是这么回答的——

今天是感恩节，褚老师先给你讲个鸡汤故事吧。

有心机的人从定义上讲就是那些善于斗心眼让你看不出来的人。所以，一个合格的有心机的人是难以判定的。

那么你有两种选择。

一种是你假定所有人都是有心机的人,那这样,你也成了一个有心机的人。

你的另一个选择是,假定所有人都不是有心机的人,这样,也许你能活得更轻松。

当然了,褚老师不是一个只会讲鸡汤的人。我今天给你讲一条具体的、可执行的有心机的人判定依据吧。

有心机的人的一大特点就是,在同性和异性面前判若两人。

那你怎么判定呢?

这条男女都适用:如果一个人的异性朋友数目远大于同性朋友数目,那这人就是一个有心机的人。

二

今天是五四青年节,褚老师就不讲鸡汤了,直接给答案吧。

焦虑的马屁精的一大特点就是,在领导和同事面前判若两人。

比如,一个人平时会上发言不多,听别的同事做报告也很少提问,可是如果有领导,尤其是大领导在场的时候,他就像吃了兴奋剂,问题不断,感觉像换了一个人。这就是焦虑的马屁精的一种典型症状。

关于在会上提问,我再多说两句啊。

问题有三种。

第一种是真问题，这种问题是提问者问给被提问者听的，提问者真的想得到答案。比如，你对报告的一个细节感兴趣，想让演讲者仔细讲讲。

第二种是假问题，这种问题不是问给被提问者听的，而是问给在座的其他听众听的，提问者根本就没真想听到答案。对于提问者来说，问题有没有答案并不重要，重要的是能让其他听众，尤其是在座的领导，觉得提问者很高明、很有深度。对于被提问者来说，这种问题也不一定就是什么烂问题，你还是有机会给出合适的，甚至很出色的回答。

第三种问题是又真又假的问题，这种问题既是针对被提问者的，又是针对听众的，而且问题有没有答案，对于提问者来说，很重要，从这一点来说，这是一个真问题。但是，这类问题的关键是，提问者想达到的目的不是听到答案，而是确保被提问者给不出答案，从而在听众和领导面前出丑，从这个角度来看，这同时又是一个不折不扣的假问题。

焦虑的马屁精（这词太啰唆了，下文缩写为"焦马"）尤其爱问第二种问题，一个聪明靠谱的领导通常一眼就能看穿这种拙劣的小把戏，结果往往是焦马弄巧成拙。所以，这种类型的焦马对于大家来说，基本无公害。当然了，如果碰上一个糊涂的领导，那这种小把戏还是能给焦马加分的。

有公害的是爱问第三种问题的焦马，这种人不满足于自己在领导面前加分，他在给自己加分的同时，还得给别人减分，就算领导英明看出他问这问题是成心给你难堪，但是如果你真答不上来，还是等于挨了这一刀。

所以啊，建议你下次开会的时候好好观察一下，试着按照褚老师说的，把问题归一归类，你们公司谁是焦马应该不难看出来。不是有句话嘛：是金子总会发光的。

是焦马总会暴露的。

你会问：要是碰上那种特别腼腆不敢发言的焦马怎么办？办法还是有的，这种焦马虽然不敢提问，但是他们中很大一部分还是爱在领导讲话的时候夸张地点头。

最后告诉你一个特别简单、特别准的判定依据吧：在一个有领导在的同事微信群里，发言越多的，越可能是一个焦马。

拖延是个好习惯

Q 哪些优良的工作习惯、技巧让你受益匪浅?

我这个答案可能跟你们平常听到的正相反,工作中,一个非常优秀的习惯就是拖延。

当然了,我说的推延不是拖到最后完不成任务的那种拖延,而是说你拿到一件任务之后不是急着开始做,而是拖到再拖下去就完不成任务的时候再动手。

这样做有几个重要的好处:第一,这是一种高效安排时间的办法。拖延实际上是强迫你从截止日期倒推工作确切需要的时间,用你可能的最短的时间去完成任务。第二，拖延不仅省时间，还能提高工作的质量。虽然你没有立即开始工作，但你大脑的背景里已经开始在思考解决方案了，所以最后得到的结果往往更成熟。第三，不少心理学研究都指出过，适当的压力会增加你的创造性和灵感。

所以，创造性劳动更需要拖延。

我忘了说了，拖延还有另一个好处，那就是，你可以避免做很多无用功。我想，你在工作中一定碰到过这种情况。就是你领导，或者是你领导的领导，或者是你领导的领导的领导（这种情况在后两种人身上尤其容易发生），在听过你的工作汇报之后，忽然灵机一动，提出一个很"高明"、很具体的建议，你很认真地把这个建议记了下来，然后迅速地开始调研、计划，并付诸行动，等到下一次汇报工作的时候，你兴冲冲地跟那位领导汇报进展，然后发现，那人居然对他给你布置的任务毫无印象，他会迅速打断你，然后提出一个新的很"高明"、很具体的建议。

你瞧，如果你是一个拖延症患者，那么这一切都可以避免。

拖延症患者的做法是：把他的想法记住，但拖着不做，下一次汇报工作的时候，你主动提起，以示你对领导指示的重视，如果他还记得，那说明这是一个真实的需求，你再开始尽全力去执行。这绝对是一种高效率的、好的工作习惯。

另一种类似但不完全一样的情况是，你领导，或者是你客户，或者是你的合作团队给你提出了一项新任务需求（这种情况也是在后两种人身上更容易发生），假定截止日期是一个月后，你很认真地把任务的具体要求一条条记了下来，然后迅速地开始调研、计划，并付诸行动，等到一星期后开碰头会的时候，你兴冲冲地跟领导、客户或者合作团队汇报进展，结果发现，任务要求中的一些内容和细节发生了变化，你这星期全白费劲了。

你瞧，如果你是一个拖延症患者，那么这一切也可以避免。

拖延症患者的做法是：当一个新任务出现的时候，先不急着动手，故意把事情拖一拖、放一放，因为几乎可以保证，任务的具体要求，以及完成任务需要的各种条件等，在最初的一段时间里是会发生变化的，拖延到尘埃落定再开始动手，绝对是一种高效率的、好的工作习惯。

拖延——用《让子弹飞》里那句被用烂了的台词说——让子弹飞一会儿。

怎么判断一个公司值不值得混

Q 怎么判断一个老板、公司有没有前途？值不值得混呢？

———————————————————————

两个问题：一个是老板、公司有没有前途；另一个是这个公司值不值得你混。

很多"职场"新人犯的一个重要错误就是把这两个问题混为一个问题，一个老板可能是个牛人，他的公司很有前途，但是这跟这家公司是不是会给你发展的空间、这个老板值不值得追随是两回事。反过来，一个公司也许不会爆发，没什么光明的"前途"，但是，这个地方也许会给你很大的成长和发挥的空间，也就值得混。

从数学上讲，一个公司有没有前途，跟这个公司值不值得混，是两个不同的维度，这两个维度也许不是正交的，但相关性应该远小于1。

一个有用的思维套路是所谓的"2×2"矩阵，你可以把任何问题分解成两个维度、四个象限来讨论。我以前讲过咨询公司麦肯锡的三分法套路，这个"2×2"套路的爱好者是另一家著名战略咨询公司——BCG——波士顿咨询公司。

```
        公司有前途
   ×离职  |  √跳槽
         |         值得混
不值得混 ——+——————
   ×离职  |  ·不动
         |
        公司没前途
```

上图有两个维度，横轴是值不值得混，纵轴是公司有没有前途。

这么一画呢，自然就出了四个象限，也就是四个选择：

第一象限：公司有前途，并且值得混。这是最好的一种选择，如果碰到这样一家公司，那你应该毫不犹豫地跳槽加入。

第二象限：公司有前途，但不值得混。这一种选择是最多人栽跟头的地方。有一些公司本身很有前途，老板也很牛，但是你在这个公司里却不会得到任何的栽培和发展。听说过"一将功成万骨枯"吗?你千万别去当那万骨中的一具尸骨。

第三象限:公司没前途,也不值得混。这是一个明显的选择,如果你在这样的一个公司里,那你应该尽早离职。

第四象限:公司没前途,但是值得混。这是另一个大家容易做错的选择,很多人会误以为公司有没有前途是最重要的判断条件——大错特错。这跟我前一段在闹矛盾公众号里说的一样,一个人绝不应该因为社会大环境而去决定该不该结婚生孩子,这个尺度太大了,你优化的目标应该是你自己的人生。放到这个话题里,准确地说,你需要考虑的就是你这 30 年的事业,你应该去选择那些能够给你提供最大可能性的公司。

世界上就是存在很多这样的公司,也许从长远来看,这个公司命运未卜,但是你在那里的那几年,却能得到最大的提高和收获。

对于职场新人来说,如果你不能找到一个第一象限的公司,没关系,第四象限的公司其实是一个非常好的选择,千万不要错过。

至于怎么判断一个公司值不值得混,我给你讲个小故事吧。

10 多年前,我博士毕业找了第一份工作,记得我是 5 月底入职的,当时的年假好像是两三星期,到了快年底的时候,算起来应该也攒了一个多星期的假期了,然后 11 月吧,我就讪讪地找我的经理去请假,我说从圣诞节到元旦那星期,我想休年假,正好加上两头的法定节日。

我万万没想到的是,他说:"不批准!"

还没等我辩解,他又笑着接着说:"从圣诞节到元旦没人来上班,你为什么要浪费你的年假呢?"

这是一个值得混的公司。

我这么说,倒不是因为多蹭了两天假期,而是公司文化里对人才的信任和尊重。后来我当了小领导,也学习、理解、继承了这种文化。一个好的团队,应该是优秀的老板找优秀的下属,然后一起做优秀的事情,优秀的人是不需要手把手地逼着干活的,更不需要那种对待懒人的所谓考勤。

再往深里讲,一个值得混的公司,应该是结果导向,而不是过程导向。你的老板应该给你创造出能发挥你最大才能的条件,然后袖手旁观。

甲方乙方

Q   从甲方跳槽做了乙方后，发现脾气有时挺控制不住的，很容易被一些大小琐碎的事情激怒，这种状态感觉好累。以前做甲方时，其实是有亲和力及脾气挺好的一个人，现在却有了臭脾气。在这方面，有一些什么心得？能通过哪些方法改善吗？

我跟你正相反。

我发现这么一个现象,我在上海的时候脾气很大,经常会看人不顺眼,跟陌生人发生摩擦。比如在饭馆吃饭,如果旁边有人抽烟,我一定会觉得烦躁不满,通常我会叫服务员去提醒抽烟的人,如果服务员不管,我还会自己过去说:"这里不让抽烟,麻烦您把烟掐了。"

再比如过马路,如果有车非得在人行道上跟我抢,那我绝对不会让他,碰到特别坚持、特别没礼貌的那种开车的,我气上来了,还会骂丫的。

但是,每次我回北京,一出火车站,我立刻就变得温和起来,就算吃饭的时候周围有人抽烟,我也感觉不到在上海的时候那种愤怒,至少程度要低很多。而只要一回上海,火气就又回来了。

是上海太撮火?还是北京太温暖?

我还真的认真地反思了一下这个现象。在考虑了一系列可能解释这一现象的假说之后,我现在基本倾向于一种非常简单的解释,这个解释跟上海和北京无关,而是跟我有关。

准确地说,这个解释跟上海或者北京的文化无关,而是跟我的身高有关。

这个理论是一个美女提出来的。她说:"这太好解释了,你在上海勉强算个高个子,可在北京你就是一矮个子,一到北京你就尿,一到上海,放眼望去,你的火马上就上来了。"

我觉得还真是挺有道理的。

甲方通常指的是掏钱的一方，对吧？掏钱的都是大爷啊，火气大着呢。乙方按理说是求着甲方掏钱的啊，你说你一个收钱的，哪里来的火呢？

这是人之常情。

但是也不排除极端情况，当双方地位悬殊的时候，"高"的一方，不但不会像我到了上海一样容易撮火，反倒会表现出超常的和蔼和仁慈。

想起我小时候跟一个叫严厉的同学去他家的大院看内参电影，那个放电影的小礼堂令人印象深刻，后面几排都是普通的椅子，只有第一排是几个沙发。电影开始之前，一个老头走进来，大家起立，他一下子就注意到我这个陌生人的存在，面无表情地问旁边的人说："这是谁家的小鬼啊？"

"报告首长，严家小胖的同学，不是咱们院的，姓……"

没想到，还没等他说完，老头就直接冲着我走了过来。我当时彻底尿了，心想坏了，本来就是蹭个电影看，没想到被人家当场抓获了。

老头走到我面前，伸出手，然后……然后摸了一下我的脑袋，笑着说："小褚，欢迎啊。"

长大以后我才知道,那老头本是一个以凶残跋扈出名的人,但是我当时完全感觉不到。我想,这是因为在他面前,我这么一个小屁孩实在是太微不足道了吧。

有些人是很牛的,这事情无解。

技术男又错了

Q 在这个社会中,有真才实学技术的人是否总体不如"非常会来事"的人混得好?混得好,主要是指财富、圈子、地位等方面。您觉得自己是有真才实学的那种人,还是会来事的那种人,又或者兼而有之?

我经常听技术男说这样的话:"我不想干别的,就想一辈子靠技术吃饭,靠手艺吃饭,这样安稳。"

愿望是美好的,但真相往往是残忍的。

从统计学角度看，人类大部分的重大科学发现都是发现者在 35 岁之前做出的，如果一个学者在 35 岁之前没什么重大成就，那么在 35 岁之后再有什么发现的概率非常小。就连超级牛人爱因斯坦老师，他的主要成就也都是在 35 岁之前获得的。1905 年是爱因斯坦最高产的一年，连着发表了一系列划时代的论文，包括现在尽人皆知的"狭义相对论"和"$E=mc^2$"。

那一年，爱因斯坦 26 岁。

想一辈子"靠手艺吃饭"，你不是会被机器取代，就是会被一个 26 岁的小青年取代。结局都是一样的，你越早意识到越好。

不靠手艺吃饭，那该靠什么吃饭呢？

答案是：人。

只有一种技能是不会过时的，不仅不会过时，还会随着你年龄、经验的增长而增强，这就是跟人打交道的能力，影响别人的能力，组织、协作的能力，也就是你说的"会来事"的能力。最后，告诉你一个简单、有效地判断"成功"的依据吧，你可以计算一下你每天花在开会上的时间占总工作时间的比例，比例越大的人，越成功。

技术男还爱说："我最烦开会了，浪费时间。"

技术男又错了。

站在过道里

> **Q** 作为一个普通家庭出生的技术男,一直很想提高自己在工作中"能来事"的能力。对于这种能力的提高,能不能提供一些可执行的建议呢?

记得在刚开始读博士的时候,我去参加一个学术会议。那时候我还很年轻,没什么开会的经验,参加学术会议,除了紧张兮兮地把自己的报告做完,其他时间都是坐在各个会议厅里特别认真地听别人做报告。在此之前,我刚换一个大牛导师,那是我当他学生之后写的第一篇论文,并去参加学术会议。

我的导师跟我说:"开会的时候,别总是在会议厅里待着,多在过道里站一会儿。"

这可能是我这辈子得到的最好、最中肯的建议之一。不记得我当时听到的时候是什么反应了,我很想说我当时是"秒懂",但考虑到当年我做过的其他一些幼稚的事情,这应该不是事实。

这个道理是我后来才懂的。你知道在一个学术会议上,怎么区分"学者"和技术男(女)吗?总是站在过道里的是"学者"。当然了,站在过道里不是为了站在过道里,而是为了增加跟其他学者相识交流的机会。那些论文你永远可以会后再读,但面对面交流的机会是不能错过的。

总结一下——这其实是美国"职场"(声明一下,无比讨厌"职场"这词)的一句套话:

It's not what you know, it's who you know.

知道什么不重要,认识什么人才重要。

这句话听起来很功利,但没办法,它说出了一个很重要的真相,这个真相你越早知道越好。而且,如果你不是那么玩世不恭的话,那么你会发现这其实是一个很真诚、很有道理的人生建议,远超绝大部分职场鸡汤。

你可能会问:你不是学者,就算站在过道里也不是学者啊?

我就知道。

只好再给你讲个跟参加学术会议有关的故事了。在上面说到的这次会议更早之前,我还在读硕士的时候,有一年夏天在波士顿实习,写了一篇现在想起来水平很低的论文，但还是被一个很不错的会议接受了。

我当时很紧张，一方面是缺乏做报告的经验，另一方面是我对自己要讲的论文质量很怀疑。我实习期间的指导老师，一位剑桥大学毕业的英国女性，跟我说了两个建议。她说：一、做报告没经验没关系，咱们可以装有经验啊，最好的办法是把稿子写下来，然后死记硬背，直到熟练到看起来自然为止；二、你是对你要讲的工作最熟的人，各种猫腻你自己知道，但听众不知道啊。

总结一下——这其实是美国人的另一句套话：

Fake it until you make it.

装牛直到真牛。

站在过道里装学者，直到你装成真学者为止。

大部分牛人可能不会跟你承认，他们大都经过了这样一个从装牛到真牛的过程，很多到现在还在装，只不过不能让你看到而已。

写着写着，把我自己给写恶心了，我什么时候堕落成职场鸡汤贩子了？哈哈，鸡汤还有很多，等我哪天心情好了接着讲吧。

跳槽须知

Q 在年轻人跳槽方面，有什么观点或建议吗？究竟哪些因素是（不）值得重视和权衡的呢？在一个地方停留久了，似乎羁绊也会变多，如何才能在面对诸如上级的画饼、身边的人情世故、对企业的忠诚……这些纷扰时，保持清醒、理性的个人追求呢？

一、频繁跳槽的都是 loser

不信你可以观察一下你现在公司里的管理、决策层，尤其是那些特别受重用的人，有多少是在各公司之间跳来跳去跳到这个位置上的呢？

跳槽的原因基本就两个：一个是现在的工作钱不够，一个是现在的工作满足感不够。

一个最受老板赏识、在现公司内高速上升的员工，通常在钱和满足感方面都不会出问题，这种人跳槽的动力一定比那些混得不好的人要小，这是人之常情。就像一个家庭幸福的人，就算在社会上有比现在配偶更帅、更漂亮的可以选择，他离婚的动力也没那么大。

一个员工在一个公司混得不好，换了一个地方混得好的概率也得打折扣。那种跳来跳去的人，最大的问题倒不是忠诚度什么的，而是这是他在前几家公司那里都混得不好的一个迹象。

也就是说，这人最大的可能性是一个 loser（失败者），一个连环 loser。

二、从不跳槽的，都是活雷锋

马克思老师好像说过，原话不记得了，大意是：封建社会劳动者属于某一个地主，而当今社会的一大进步就是劳动者不再隶属于任何一个雇主，从而解放了生产力什么的。但是他又说了，工人虽然不隶属于一个雇主，但是你还是隶属于整个有产阶级的。

想清楚这一点很重要——你的职业生涯通常不是隶属于某一家公司，而是隶属于某一个行业。你在一个公司内部的发展和职位固然重要，但你应该退一步站高一点，把你自己定位成这个行业的从业者,而不是某家公司的雇员,积累你在行业内的口碑。这样,当你有机会在同行业的另一家公司对这个行业做出更大贡献的时候,大家都会觉得很自然、很合理。

这样的跳槽更像是从一个部门到另一个部门的升迁,而不是跳槽。这样的跳槽不仅对你自己的事业有好处,还会让你得到懂事同行(包括你原公司老板、同事)的理解、羡慕和尊重。

三、跳槽的时间点很重要

记得看过一篇《哈佛商业评论》上的文章,说从统计学角度看,跳槽最佳的时间点是十年。这个数字远大于现在大家习惯的跳槽频率,是美国人出问题了吗?

首先,怎么定义"最佳"。那篇文章做统计时定义的"最佳"很具体,就是看一个人工作N年之后的收入。很多人通常的感觉是,只要找到一份工资满足一定幅度的上涨的工作就应该跳槽,这种走一步看一步的优化策略在数学上叫"Greedy Algorithm(贪婪算法)"。

拿爬山打比方啊,贪婪算法的问题是,你虽然每一步都选择了眼前最陡峭的上升路径,但有可能你会一直在一个山沟里转悠,而登顶的路径可能需要你现在选择一条眼前回报不是最大的走法,但是从长远来看,你会爬得高得多。

后一种策略叫"Global Optimization(全局优化)"。

那种一两年一跳槽的,往往都是在同一层次工作上找工资稍高的选择,而对收入影响最大的,通常是职责的变化。更深一层的原因是，这样的跳槽只看到了表面上获得的经济收益，但忽略了一个重要的成本，就是你在一家公司里的人脉资产，这是一种无形资产，通常要经过五年以上的积累才能转化成有形的事业红利。每两年清零一次，你永远在浪费这部分资产。

这就像一笔有五年等待期的股权，你每次都因离职而主动放弃了。

如果你相信过时老牌美帝商学期刊《哈佛商业评论》上的数字，这类资产回报最大的出手时间大概是十年。

以忙为荣

Q 该怎么分配自己的时间呢?工作比重和个人生活各占多少较为合适?您觉得一个人花多少时间去生活、花多少时间去工作才是合理的呢?

你们看过《唐顿庄园》吗?

电视剧一开始,本来是一介平民的"大表哥"稀里糊涂成了贵族庄园的继承人,他第一次到庄园跟贵族亲戚们一起吃饭的时候,无意中说出了"job",也就是"工作"这个词,结果餐桌上顿时一片惊讶,好像大表哥刚说了什么下流不堪的脏话一样。

而我必须工作，所以，按照唐顿庄园的标准，我显然不是个成功者，这个结论我说了很多次，可不知道为什么大家还是将信将疑。而且更不幸的是，我不仅需要工作，我的工作还经常很忙。如果非要我说我跟大多数人有什么区别的话，那可能就是我不喜欢忙，而且我不怕承认这一点。

记得我以前发过这么一条微博：

觉得"忙"是一种光荣的，都是普通人。

结果有人跑来骂我，说我歧视他勤劳的父母什么的。现在，给他们上一节逻辑课啊。我说的是："觉得忙是一种光荣的，都是普通人"，而不是"忙的都是普通人"。不知道他们的脑袋能不能想明白这两者的区别。

"忙"对于我这种人来说，只是一种无奈。

但显然，我属于一小部分。不信你看看微信朋友圈，"晒加班"简直成了一种竞技体育项目，一个晚上10点自拍办公桌，另一个就得晚上12点发加班吃剩的外卖，而这都比不上凌晨拍办公室窗外的日出——文案很有可能是：

明天……不，今天，北京应该是个大晴天！

更不要脸的是，嫌上面这种文案太隐晦，生怕别人看不出他加了班，还得特别解释说明：

啊！又是一个通宵的奋斗，感觉是多么充实！为自己加油！

王尔德老师在《非凡的爆竹》里说过："我的观点一直是，'忙'无非是那些无所事事的人的避难所。"

王老师说得很对。

　　不仅如此，以我一贯阴暗的心理推测那些晒加班的忙人，我觉得他们其实并不是真的以忙为荣，绝大多数不过是一些明明不想忙，而又假装忙给别人看的 loser 而已。

　　这种人也就是我们常说的"无能者"。

PPT 是不是一个很没用的东西

Q PPT 是不是一个很没用的东西？常被领导安排做 PPT，觉得浪费时间，也没效率，但貌似很多公司特别喜欢做 PPT。关于这一点，怎么看？

不知道你们有没有看过老罗对质王自如的视频，特别精彩。你要是没看过，建议你有空找出来看看。

那次对质，老罗毫无悬念地完胜，不管是从内容、态度、语气、表情，还是从反应速度、镜头感、小动作的频率、对观众的把握、对现场局面的掌控，老罗显然比王自如高出了不知道几个段位。这两人同时出现在一个镜头里,对于王自如来说,极为残忍,一个自信从容,一个抓耳挠腮,以至于让不少人产生出一种老罗欺负人的错觉。

虽说老罗赢得毫无悬念,但是还是有让人意想不到的地方。

我记得几个回合之后,老罗不慌不忙地从地上拿起他预先准备好的一摞大开本硬纸板,在那一刻之前,我想大家都不知道那是什么东西,一开始,我甚至根本就没注意到那摞纸板。当老罗对着摄像机翻开纸板的时候,观战的人群爆发出一阵惊叹。

大家没想到,老罗居然自带了"PPT"参战。

就在老罗一张一张地翻着他的"PPT"面对电视观众提出疑问、分析数据、讲述观点的时候,王自如一直在低着头不停地翻他手里的笔记本,好像里面有什么他怎么也找不到的救命稻草。

这么说吧,老罗的胜利是实力的胜利,也是"PPT"的胜利。

这个故事告诉我们这么几个道理:

一、"PPT"不等于PPT

什么是PPT?是微软PowerPoint文件吗?不是。那广义一点讲,是苹果Keynote文件吗?也不是。

从本质上讲,"PPT"就是你在跟人交流的时候,能从视觉上帮助你更好地向听众传达信息,帮助你讲故事的图片文字和视频,形式可以是用PowerPoint或者什么其他的计算机软件做出来的演示文稿,也可以是老式的幻灯片,或者像在上面老罗的案例里出现的,干脆就是几块纸板。

形式不重要,重要的是一个好的"PPT",必须是你整个 presentation 中的一个有机组成部分,很多公司会把 PPT 当成一种用来阅读的文件,这是一种很差劲的做法。

告诉你一个判断 PPT 水平的简单办法吧,如果一个 PPT 你不需要听讲就能完全看懂,那这通常是一个很烂的 PPT,高手的 PPT 离开了演讲者是没有意义的。反过来,一个很牛的演示,要是你看不到 PPT 效果,也会大打折扣。

这就像一部电影,如果去掉音乐、对话、音效,你还全能看懂,那通常不是一部健康的电影。

二、牛人都是"PPT"高手

你说老罗的 PPT 是谁做的?许岑老师?错!

记住,牛人的"PPT"都是自己做的。如果说老罗的 PPT 是一部电影,那么许岑老师应该是摄影师和布景设计师,而编剧、导演都是老罗。

老罗是这样,乔布斯是这样,我认识的很多牛人也是这样。他们不仅不会觉得做 PPT 是一种负担,反而有一种创作的冲动。把自己的想法有效地传播,从而影响、改变别人,绝对是牛人们热衷而擅长的一项技能。

一个人 PPT 做得好,其实是一种综合能力的体现,牛人通常都是 PPT 高手,而一个烂人,不管你 PowerPoint 玩得多花,也是白搭。

给 loser（失败者）们泼点冷水吧，跟许岑老师学做 PPT，是件对你有益的好事，但千万别以为你的作品能达到老罗发布会的水准。

三、不做"PPT"的都是 loser

我以前说过，技术男常犯的一个错误就是说：不爱开会，开会浪费时间。

越是高端的工作，开会占你总工作时间的比例就越大。开会的过程，说白了就是你讲故事、影响别人的过程，而现代的办公场合很多会议都离不开 PPT。也就是说，越是好的工作，越会需要你做 PPT 的能力。

不爱做 PPT 的，都是 loser。

谈薪是个技术活

Q 如何体面地在面试时谈薪?
_____

谈薪是个重要、严谨的技术活,褚老师今天不讲故事,直接讲套路、讲技巧、讲重点。

一、你该在什么时候谈薪?

面试中一个常见的致命失误就是在错误的时机谈薪。这种案例我遇见过很多次,在面试过程中,应聘者忽然开始打听待遇问题。

一种极端的情况是刚刚还在讨论他的实习经验或者进公司以后

可能参与的项目，但他忽然说："能问问这个职位的工资待遇吗？"关心工资当然可以理解，但在这种时候提起薪水，给人发出的信号就是你对钱的热情比对这份工作本身要大。

正说工作呢，你忽然提钱，就好像你跟一个美女正要亲热，她忽然说："哎，你每月工资多少啊？"

记住一个原则，不管是什么公司、什么工作类型、什么形式的面试，对应聘者的考察都可以归为三个维度：一、能力；二、动力；三、契合度忠诚度。

上面这个案例：第一，会让面试官怀疑你的契合度、忠诚度，就像美女的那个比方；第二，会让面试官怀疑你的能力，选择错误的时机提出待遇问题，跟在商务谈判中选择错误的时机讨论报价属于一类问题，这人显然缺乏基本的商务感觉，就算应聘的是技术岗位，情商那么低的人也不好管理、合作。

一个失误导致在两个维度上减分，这种人在面试中通常会死得很快。

当然了，这是一种极端的案例。更常见的是在面试接近结束的时候，面试官问你："你还有什么问题吗？"很多人会选择在这时候提薪水。那么这是一个好时机吗？当然不是！

这是你加强面试官对你的能力、动力、契合度印象的最后机会，这时候，你绝对不能提起待遇问题，虽然表面上看起来没有上面那个案例那么傻，但道理是一样的。至于在这个时候你该说什么，说来话长，而且不属于谈薪的话题，以后有机会给大家讲。

面试中间不让谈,面试结束也不让谈,那要不面试一开始先问清楚了?

哈哈,太菜鸟了,在这个时候,面试官根本不可能给出具体对应你的待遇数字,面试还没开始啊,最善良的面试官也许会告诉你一个很虚的范畴。但问题就是,在应聘之前,你就应该对这个岗位大概的薪资范畴有了解,如果一个人都来面试了,但是还没事先调查过这个公司这个岗位的基本情况,那这人得多懒多慢吞吞啊。

开始不让谈,中间不让谈,结尾也不让谈,那什么时候谈薪啊?

答案是:有效、专业、愉快谈薪的时机,永远是在雇主表示决定给你 offer 之后。而且,就算是在这个时候,你还是不应该主动提起待遇问题。

你应该等着对方说:"你对薪资的期望是什么啊?"

这是开始谈薪的信号。

二、你该跟谁谈薪?

记住一件事,直接决定雇你的人,对你的薪资待遇能发挥最大的影响。这个人通常是你将来工作中的直接经理,同时,也是决定给你发 offer 的那个人,英文说法是 hiring manager(直接经理)。

需要纠正两个常见的误解。

第一,你觉得薪资是人事部门定的,所以对你的待遇影响最大的是人事部。

没错，一个岗位的待遇范畴，在大多数情况下的确是人事部门定的，但是注意，这是针对这一类岗位的范畴，而且人事部门并没有为你一个人而改变范畴的权限。

也就是说，薪资的范畴是没有讨价还价的空间的，而你能够讨价还价的部分，是在这个范畴里争取到最大的可能。

也许这部分的讨价还价空间有限，但是这是你真正可以影响的那部分，别去拧那些拧不动的旋钮，拧那个拧得动的。

第二，你的 offer 是一个人事部之类的行政部门的人跟你对接发给你的，所以你必须跟他谈薪、还价。

注意，虽然表面上你的 offer 可能是一个人事部门的员工，或者是一个什么其他行政人员发给你的，但是他并不是做出给你 offer 决定的那个人。

你跟他废话没用。

这就像你想跟爱慕已久的女神登记结婚，你跟民政局管婚姻登记的工作人员搞好关系是没用的，而女神对这事才有发言权（好吧，这个例子不是最贴切）。

牢记这一点：能够决定并且有动力替你争取更高薪资的人，不是那个跟你对接的人，而是你的 hiring manager。

注意，有时候 hiring manager 会踢皮球，说决定权不在他，或者和人事部门演 "good-cop-bad-cop routine（好警察坏警察套路）"。

如果你没听说过"好警察坏警察"套路，那我在这里简单介绍一下啊。这套路特别有用，学会了既可以帮助你识破这个套路，省得被别人套路了，也可以去套路别人啊。

你有没有这样的经历，你去一家车行买车，比如说车开价30万，你说能便宜点吗——25万？那个店员通常不会当面拒绝你，他会说"你等等啊，我去跟我们经理商量一下"，然后他就离开了。

过了一会儿，这人回来了，一脸抱歉地说："哎呀，我们经理说25万太低了，您看29.5万行吗？我跟他说了半天，这是他能给的最低价了。"

这就是一个经典的好警察坏警察套路。那个跟你聊的销售人员扮演的是好警察，这个角色的关键是让你觉得他是站在你那一方的，处处为你着想。

但是总得有人站在对立面还价啊，是不是？这时候，坏警察这个角色就要上场了。注意，在很多场景里，坏警察并不需要真正出场，甚至有可能根本就没这么个人，这就是个虚拟的人物。

比如，刚才车行的那个店员说他去跟经理商量商量，其实他根本没去找什么经理，最大的可能是他跑到后面转了一圈，上了个厕所，抽了根烟就回来了。

所以啊，在谈薪的时候，如果你的 hiring manager 跟你说主动权不在他手里，而是在其他部门手里，你千万别信，关于谈薪的事情，一定要尽可能地直接跟 hiring manager 聊。

当然，怎么聊是很有讲究、很有套路的。

三、谈薪时讨价还价的专业套路

咱们上面讲了,开始谈薪的一个常见信号是对方问你:"你对薪资的期望是什么啊?"

那你该怎么接呢?

在回答这个问题之前,咱们先退一步思考一下:你说到底什么是"薪资"呢?

所谓的薪资,其实就是价格,一个商品的价格。这个商品就是你,更准确地说,是你一个月(或者一年)的劳动,薪资就是你劳动的价格。从这一点来看,薪资跟其他商品的价格没有实质的差别,而谈薪这个过程其实跟买菜、买车、淘宝交易过程中的讨价还价本质上是一样的。

面试本来就是一种商务谈判,而谈薪就是谈判中讨论价格的环节。幸运的是,商务谈判是一个很成熟的领域,有很多原则、经验可以照搬到谈薪这个应用场景。

记住,商务谈判中,讨论价格的第一原则就是:不先出价。

你跟客户谈项目,客户那边项目的目标、要求、交付时间,你这边的技术能力、类似项目的经验之类的都交流过了,双方初步感觉都不错,开始讨论价格。这时候,客户问:"这个项目你大概多少钱做得下来呢?"你在心里估算了一下所需的人力、材料成本,加上你想得到的利润,然后报了个数。

这样做,有什么问题吗?

问题大了去了!首先,如果你报的数字高于客户的预算或者预期，那么你很可能会马上出局。如果你报的数字远低于客户的预期，那么他会心里暗喜，然后跟你假装还价一下就签约，这样，你白白损失了本来可以挣到的利润。

更严重的是，你定价的方式从根本上就错了，价格跟你的成本无关，而是跟市场供需有关。你应该从价格倒推成本，而不是反过来。关于定价，我以前写过一篇长文，在这里就不重复了，有兴趣你可以看看。

谈薪的时候，很多人也会犯这个错误。你一旦先出价，就必然在谈判中处于被动，如果你要价高于雇主的预期，那么你冒了还没还价就被出局的危险，就算你后来接受了一个比你的要价低很多的薪酬，雇主也会对你未来的稳定性产生疑问。

如果你要价低了，那么他可能会马上接受你说的数字，很简单——你亏了。而且这跟你买菜亏了一次不同，薪酬谈低了，可是天天亏啊。

不出价，那你该怎么说呢？

一个有经验、有水准的销售人员，最重要的本事就是套出客户的预算。不管是喝酒、唱歌，还是送礼、交朋友，一个很关键的目的就是得到客户预算的数字。有了客户预算的具体数字，你再报价，心里就有数了。当然了，褚老师不是让你去搞不正之风啊。而且，这一套在谈薪这个场景也行不通，首先，你没机会跟人培养感情；其次，搞这一套属于人品问题，求职时不宜暴露。

在谈薪这个场景下，最正规的避免先出价的回复是：这个岗位薪资的范畴是什么呢?

这个问题的巧妙之处就在于,你没有直接问他你值多少钱,原则上也没有让他先出价,你只是问了一个价格范围,而且这是一个事实性的问题,跟你这个人没直接关系。一旦他给出答案,那事情就好办了,你已经套出了客户的预算。下面的谈话内容就是把你自己的具体情况,包括经验、水平引入讨论,讨论你为什么应该接近这个范畴的上限。最坏的情况,你也可以有理有据地争取他给出范畴的中间值,难道他想招的这个新雇员低于平均水平吗?

当然了,不先出价这个道理很多人都懂,狡猾的雇主会努力避免回答这个问题,一个常见的反应不是不说,而是给你一个虚拟的范围,而且往往故意把范围说大,表示这个岗位很有前途。

他以为这样很聪明,但是你发现了吗,你已经成功地躲过了他的问题——你没先出价!

而且,讨论顺着你的思路进入了讨论薪资范畴的话题,下面的目标就是把这个范畴变得更精确。你也可以顺势来点虚的,问:一个最适合这个岗位、表现最优秀的理想员工,能达到什么样的薪酬水准呢?

注意,这个问题是关于一个虚拟的人物——理想员工,而不是你自己。这问题听起来跟你第一个问题好像不同,但本质上一点没变,你还是在问他预算的上限。而且,听起来不仅一点不显得贪婪、烦人,还显得很上进。

不用担心谈判对方觉得你套路,如果我面试碰到这样一个人,我会觉得他专业、有效、成熟，跟一上来就报数的孩子相比，已经加分了。

我不可能在这里穷举所有可能的对话，并给出标准答案，但是这个精神，你应该懂了——努力不先出价，试图问出同岗位的薪酬范围，然后争取这个范围里中间值到上限之间的一个数字。

谈薪、谈判就这么简单吗？是，也不是。

上面的例子里只说了客户的预算，还有一个很重要的维度我没提，那就是竞争，客户的预期一方面由他的预算决定，另一方面还有你竞争对手的价格！

还有，比"你对薪资的期望是什么啊？"这个问题更阴险的一个问题是："你现在的工资是多少啊？"

中国丽人

Q 身边从大学生到 40 多岁的中年男人,都在想着创业,请问他们真的适合创业吗?

美国电影《美国丽人》你们看过吗?我偶像凯文·史派西老师演的,好像还得过奥斯卡最佳故事片奖。

这电影讲的是一个步入中年的男的,本来在一家保险公司工作,忽然觉得人生没奔头、辞职、买跑车,还爱上了女儿的同学。对于这种行为,现在有一个很流行的叫法——中年危机。

我一直觉得有一些美国文化,从骨子里看是一种很肤浅、很不文艺、很缺乏灵感的文化,比如很多美国中学生为标新立异,玩"反叛"——穿长款黑裙子、涂黑口红、舌头上打洞、裤子上挂铁链子,结果是每个人都"标新立异"得一模一样。

连"标新立异"都只会标成统一的爆款,你说这帮孩子能有什么出息、有什么创意?

反叛了半天,结果弄得比谁都乖。

美国人就是这么乖。美式中年危机有一个很固定的套路:买两辆保时捷,交个小女友。然后,然后就没有然后了。

而我们有些人则爱好另一个套路——创业。

不管是谁,危机的原因大都是一样的:理想很丰满,现实很骨感(抱歉,用了一句网络套话,不过好像用在这里很合适,不纠结了),对工作不满,对家庭不满,期望与现实存在差距,大概是古今中外所有人生危机的根源。

对于危机的处理方式,其实大家也差不多,那就是逃避。

买保时捷不能解决对事业的不满,但能给你一种人生赢家的错觉;交小女友不能改变老婆脾气坏、孩子不听话的事实,但能给你一时重返青春的幻觉和满足感。

那么创业呢?

创业听起来堂皇,但它的功能跟保时捷、小女友其实没有差别,无非是给你提供了一个幻想、意淫的空间,一个逃避的理由。而跟保时捷、小女友不同的是,创业在自欺欺人这个维度上,要高出一级。买跑车有买跑车的单纯和真诚，而大家挂在嘴上的所谓"创业"，则有一种儿童似的幼稚和虚伪。

逃避是一种软弱的表现，而面对和坚持才真正需要勇气。面对真实的生活，面对不加 PS 的现实，坚持把自己现在的工作做好，坚持爱父母、爱家人、爱孩子。对属于自己的世界负责，而不是放弃、逃跑，然后编造出"创业"这种傻呵呵的借口。

至于大学生创业，我只能说：您的中年危机是不是来得有点早啊？

第三章

他与她相对论
——面对感情的多种方式

婚礼该不该请前女友

Q 和现在的妻子是相亲认识的,已领证,准备马上摆酒席,正犹豫该不该给前女友发张请柬。

一

在我家客厅里,有一张我特别喜欢的照片,照片里我爸我妈在跳舞。

那是之前在我前妻的婚礼上拍的。不是我和我前妻的婚礼,是我们两个离婚以后,我前妻再次结婚的婚礼。照片是黄昏时分在加州一个葡萄园的院子里拍的,我前妻还露出了半张脸。

那一瞬间，真的很美好。

二

离婚的时候，我和我前妻还都在伊利诺伊上学，不知道在美国离婚是什么手续，便一起去学校的法律咨询办公室咨询。

一进门，大家握手，自我介绍，坐下。那个律师问："我能怎么帮你们？"

我说（也可能是她说的）："我们计划离婚，想问一下需要做什么。"

"没问题，但是在我回答问题之前，咱们要先确认一下，那我是代表你们二位中的哪一位呢？"

"能代表我们两个吗？"

"……"律师笑了。

三

尚佩恩是个大学城，美国在韩国常年驻军，导致美国有好多韩国妇女（美国大兵从韩国带回国的女友或者妻子）。在尚佩恩这么个小镇上，就有三家这样的老兵和他们的妻子开的韩国小吃店。

我常去其中一家叫"阿里郎"的店里吃饭。阿里郎生意很火爆，高峰时段，需要拼桌。我通常进门先看有没有认识的同学，有熟人，就直接过去坐下。

我和我前妻从律师那里领了一个协议离婚分财产的表格，那天在阿里郎坐着,一边吃饭,一边讨论电视归谁、电钢琴归谁什么的。

一个叫吴新宙的同学,一屁股在我们桌坐下。

我跟吴新宙说:"今天不行,我们正'分赃'呢……"

"……"

"离婚。"我说。

四

在美国,婚姻法不是整个国家的法律,而是每个州有每个州的婚姻法,比如有的州同性恋可以登记结婚,而有的州不能,结婚、离婚的手续和麻烦程度也各不一样。

最著名的是内华达州,就是赌城拉斯维加斯所在的那个州,结婚手续最简单,在拉斯维加斯,还有 Drive-thru Marriage("得来速"结婚)服务,两个人忽然想结婚,开车到外卖窗口,连车都不用下,婚就结了。

我还真认识一个湖南女生,就是在拉斯维加斯忽然兴起,跟男朋友 Drive-thru 结的婚。

要是离婚也能 Drive-thru,那就方便了。

伊利诺伊州法律规定,如果两个人结婚不到七年、没有子女、没有房产,那么就符合协议离婚的条件。

你瞧,这是不买房子的另一个好处,你要是有房子,就算两个人想协议离婚都不行,非逼着你上法院打官司。弄不好被律师一挑唆,本来不想打,结果还打红了眼,不计成本地弄个两败俱伤,钱全被双方律师赚走了。

协议离婚就很简单，填个表，交到县书记员（注意：这个"书记"真就是负责记录、盖章的书记，不是县委书记的"书记"）那里，盖个章就离了。

那天，我们一起去交表，书记很痛快，说："手续费75美元。"我前妻对我说："你是男的，手续费你交。"

县政府门口有一个购物中心。办手续花了不到10分钟，盖了章出来，我前妻一把把我拽进了购物中心，说："不行，今天离婚，你得给我买个纪念品。"

离婚加上逛商店，一共用了两小时。

那天，她闹着让我给她买了个包，她后来用了很久，我们一直把那个包叫"离婚包"。

五

我前妻再结婚的时候，已经是好几年以后了，她先是在芝加哥工作了几年，后来又读了MBA，再后来去了加州。

我毕业去了纽约，一直待到几年前来到上海。

她在电话里说："我结婚，娘家亲戚能来的实在太少，你和那谁还有咱爸咱妈都来吧，凑个数。"

婚礼那天，我爸、我妈，我还有我当时的女朋友，一起坐在草地上整整齐齐摆着的一排排椅子的第一排，跟从国内赶来参加婚礼的我前妻的妈妈和大姐坐在一起。

六

我觉得你的婚礼应该邀请你的前女友,而且你还应该邀请她现在的男友或者老公。

钻石是永远的证明

Q 结婚购买钻石,是不是交智商税的行为?等价的黄金戒指和钻戒,应该选择哪一个?

你知道"订婚买钻戒"这个西方"传统"习俗的历史有多悠久吗?

答案是:1997年。

1938年是这个"传统"的开始。1938年以前,欧美国家根本就没有"结婚买钻戒"的习俗,这个所谓的"传统",是纽约麦迪逊大道一家 N. W. Ayer(艾耶父子)广告公司生生地从无到有制造出来的。

1938 年，世界上最大的钻石生产商——南非 De Beers（戴·比尔斯）公司，为钻石销路不好而发愁，于是找到 N. W. Ayer 广告事务所做营销。N. W. Ayer 采取的套路，现在看来其实很普通，无非就是找明星大腕代言、电影植入、大规模媒体平面广告。集中传递的信息基本就两条：一、买钻石是成功的标志；二、钻石是浪漫的象征。

第一条主要是针对一些男人的，让他们得到一种狠狠心花点钱就能跟好莱坞明星、社会名流、成功者看齐的错觉。当然了，这个营销策略的厉害之处就是，不仅一些男人会上钩，而且他们追求的女人也会把这当真，觉得钻石越大，那么男的肯定就越成功。这样，就算男的不傻没有上当，可是女朋友上了当，他也只能乖乖地就范。

这有点像现在说结婚之前必须买房这个"传统"。说实话，就在 30 年前，结婚不也都好好的？这么说吧，那些坚持没房产就不嫁女儿的丈母娘，她们自己嫁人的时候，对方都是租房啊。不知道为什么到了现在，买房忽然就成了某种坚不可摧的所谓"传统"了。

所以啊，就算一个男生头脑清醒，综合考虑事业发展、现阶段投资房产的风险以及回报、婚后家庭生活质量等之后，选择暂时租房，而不是买房，但是架不住女朋友和她妈催啊。

买钻戒代表成功，男女双方只要有一个人被说服，那这个营销目的就达到了。不过，说句公道话，买房比买钻戒还好点，房子就算将来亏了，毕竟还有实用价值，而那块昂贵的石头，除了证明你们两个有一个是弱智,没有任何用途。

第二条钻石是浪漫的象征主要是针对一些女人的,毕竟第一条太过功利,婚姻不仅是一个商务合同,还得有浪漫的维度才行啊。但关键就是,浪漫很难量化,而这个营销方案的一个重要目的就是让你把"浪漫"跟"钻石"这样一个毫无用途的东西的大小挂上钩。

但是问题来了,钻石和浪漫挂钩,但是浪漫和钻石克拉数的比价是什么呢?有些女的会问:我男朋友应该买多大的钻石才算够浪漫呢?

哈哈,广告公司早就预备好答案了。

一开始制造这个"传统"的时候,De Beers 在美国散布的说法是:一个月工资,男的花一个月工资给未婚妻买钻戒,那就够浪漫。注意,这个说法的巧妙之处就在于,没有规定一个固定的浪漫价格,浪漫与钻石的比价因人而定!

你想啊,如果规定五万是浪漫的价格,那么工资高的会觉得便宜,不足以显示他的成功,那买钻戒传递的第一条信息被稀释;但是工资低的人又会觉得五万太贵,浪漫根本买不起,很可能会干脆放弃。所以,规定"一个月工资"这样一个"自适应"价格,非常狡猾,不管你挣得多挣得少,都有能让你买到浪漫的钻石,就是得让你吐血,而且保证你吐得起。

如果要给这个定价方式定义一个听起来有点学术的说法,我想可以叫"吐血指数守恒定价策略"。

这个营销策略相当成功,钻石销量开始暴涨,成功到什么程度呢？过了几年，De Beers 很随意地把"浪漫"价格提了一倍，开始散布说合适的订婚钻石是两个月的工资。很多人居然很听话地接着买了单！

这个数字逐年见涨，我最新听到的一个说法是：三年的工资！

我的天呐，不带这么收智商税的。那么，等价的黄金戒指和钻戒，我会建议选择哪一个？如果非要买，我会建议你选黄金，黄金是一种在金融市场可以自由交易的 commodity（商品），价格透明、流动性强，是一种标准的投资品。而钻石毫无投资价值。首先，价格有大量的猫腻，那些成色分类本来就是 De Beers 编造出来增加信息不对称用的，你很当真地瞎学习研究了半天，便已经进入了他们设的套，而且到了卖钻戒的店里，还是分分钟被骗。其次，根本就没有你可以交易钻石的规范金融市场，所以流动性极差。

一个大概的规律就是，从你离开珠宝柜台那一秒钟起，你的钻石投资已经亏损一半了。不信你让店家再把钻戒买回去，看他愿意出什么价。而且，这一半的亏损还是建立在你没被骗的假设上。

黄金要好一些，如果你的目的是保值，那我建议你去最低端的金店买戒指，千万别去什么名牌珠宝铺子，越是大牌，加价越高。

当然了，如果你真想投资黄金，那么黄金首饰是一个很糟糕的选项，金条稍好，至少可以降低珠宝店利润的成分。但金条也不好，最好是不买物理黄金，而是买金融市场上交易的"黄金"产品，比起你买金条藏在床底下，这要便宜 2% ~ 10%，而且不会被偷。

不过，如果让我选，我根本就不会买任何形式的黄金，从过去几十年的数据上看，黄金是一项很差的投资。

至于订婚戒指，这个仪式可能还是得有。给你举个例子吧，扎克伯格给他老婆买了一个很小的红宝石戒指。

接着讲1938年。

一个牛的营销离不开好的文案。当年N. W. Ayer想出来的钻石营销口号要略微收敛一些："A diamond is forever."

钻石是永远。

我想，更完整的说法应该是：钻石是你"无法前进"的永远的证明。

关于渣男

Q 如何识别渣男?如何断定男的靠不靠谱,是否适合结婚?

关于"渣男",我好像在微博上说过几句,刚搜了一下,有这么两条:一、爱使用"渣男"这个词汇的,多是剩女;二、男的都是"渣男",差别在于资源和胆量。

所以,关于第一个问题——"如何识别渣男"的答案,请见上面第二条。

接着回答第二个问题——如何判断一个男的是不是靠谱,是否适合结婚。我给你一个具体的、可执行的建议吧。

美国版 GQ(美国男性时尚杂志)几年前讲过一个判定依据,我觉得挺有道理的。我记得那篇文章说,你去一个男生家,应该注意他房间里的照片。

第一种男生,房间里的照片都是各种美女照,不管是明星、前女友,还是什么"红颜知己",这种男生不靠谱。告诉你一个挺俗但是挺准确的定理吧:判断一个人的好坏,要看他异性朋友跟同性朋友的比例,比例越大的,越不靠谱。这个定理也适用于女生。

第二种男生,房间里的照片都是跟哥们儿的照片,漂流、滑雪、酒吧碰杯之类的,按照上面一条定理,那这个男生应该很靠谱了?错!这个男生虽然比第一种靠谱,但还不是最靠谱、最适合结婚的人选。

最好的男生(女生)的房间里会有很多跟父母、亲人的合影。

主要原因有两点:第一,这个男生应该是在一个幸福的家庭长大的,一个幸福家庭长大的孩子,将来自己家庭幸福的概率也会更高;第二,一个男的对美女有感情,那很容易,这属于本能;对哥们儿好,也没什么难的,喝酒、聊天、出去玩,再顶多打个架;而对亲人好,才是一种真正重感情的表现,像我说的,是一种无条件的爱。

这是第三种男生,这种男生最珍贵,如果碰到一个,千万别放手。

最后补充一句,称这种男生为"妈宝"的女生,都是不对的,男生请注意,离这种女生越远越好。

高学历女性单身的科学依据

Q 有很多四五十岁的科研女性工作者仍然单身,不知道是因为科研耽误了生活,还是其他原因。所以,女性结了婚生了娃以后,既不想因为照顾家庭而懈怠工作,也不想因为工作而忽视了家庭的想法,是不是不切实际?是不是只有"比别人多付出"这一条路?

一

好像是从《经济学人》上看来的,美国学者做过一个挺有意思研究，统计黑人女性跟白人女性的收入差异，这项研究的本意大概是想看看种族主义、种族歧视什么的对个人收入的影响，但结果却有些出乎意料。

统计结果显示，如果数据限制在只有高中学历的女性这个群体，那么白人的确比黑人挣得多。这么说，种族主义起作用了？

等等。

如果考虑的是有大学本科学位这个群体，情况就变得不一样了，受过大学教育的白人女性跟黑人女性的收入持平。更神奇的是，如果统计的是受过研究生教育的女性，情况居然反了过来，黑人女性比白人女性挣得多！

难道说，学历高的白人女性在职场受到了某种歧视，或者学历高的黑人女性在职场得到了某种优待？这个猜想很好检验，统计、比较黑人和白人的男性收入和学历的关系就行了。遗憾的是，高学历的收入优势好像只在黑人女性群体中发生，对黑人男性无效。

这看起来也太奇怪、太不合理了。

文章给了一个出其不意却又难以辩驳的解释——学历高的黑人女性挣得多，问题的关键不在于黑人女性，而是黑人男性。

这个解释的合理性依赖于下面三个现象：

第一，从统计学角度讲，女性通常不愿意接受比自己学历差、经济地位低的男性作为择偶对象，也没心情跟他们进行空洞的伦理道德层面的讨论，纯统计结果：女性就是喜欢找比自己强的男性。

第二，人在择偶的时候，有相当强的倾向选择跟自己同一种群的配偶（没有跟反种族主义世界较劲的意思，这就是一个普通的观察结果）。

第三，女性在找到合适的比自己强的伴侣之后，很多会把时间、精力和注意力更多地投入到家庭上，而放松事业上的奋斗。在传统的美国家庭，很多女性结婚之后，会选择一份相对轻松的工作，如房地产代理之类的，或者干脆辞职在家当全职妈妈。

所以，问题的关键就是，在美国，由于包括历史原因、文化原因、种族主义原因在内的种种原因，黑人男性在受教育程度、就业率及收入方面远低于白人。

对于只受过高中教育的女性，不管是白人，还是黑人，找到比自己强的同种族男的都不难。对于受过大学教育的黑人女性，找到比自己强的黑人男性的可能性就已经开始下降。而一旦读了研，黑人女性找到比自己强的同种族男性的可能性，已经远远小于同样教育水平的白人女性了。

也就是说，很多受过研究生教育的白人女性都找到更好的白人男性嫁了，从而可以在事业上放松，甚至退出职场，这当然会拉低她们的平均收入。而黑人女性更多会选择继续在事业上奋斗，充分发挥她们挣钱的可能性。

二

身边很多科研做得好的女性，四五十岁了仍然单身，我想有不少应该是出于对科学的热爱做出的选择，毕竟家庭对女性造成的负担通常要大于男性。

但也不排除另外一种可能,就是她们科研做得好不是原因,而是结果。年轻的时候,没有找到合适的对象嫁出去,从而不得不一直在科研的道路上辛勤耕耘。

受教育程度越高,比自己好的就越少,这道理对男女都适用。比如,假定在适婚人群中,有研究生学历的占5%,女研究生要找比自己强的,那就意味着只有5%的人供你选择。而这对男研究生就没影响,男性喜欢找比自己差的,也就是说,有95%的人都符合条件。

这个道理反过来也成立,那就是,学历越低的男性找对象越难,而学历越低的女性,对于对象的选择,理论上就越多。

所以啊,高学历女性一心做科研不结婚,不是因为女性的高学历,而是因为男性。

北大东门外的蒙古公主

Q 一个温暖而令人伤感的故事。

暴露一下年龄，我小时候的北京，街上还能看见一些现在基本不可能看到的人物，比如小脚老太太，比如从前的太监。那时候，北大东门外面还不像现在是一条笔直的马路，而是一些居民院落，还有一个挺大的桃园，后来火过一阵子的雕刻时光咖啡，第一家就开在那几条胡同里的一个平房里。

那个地方叫成府，现在已经拆得一点痕迹也没有了，成府这个地名只存在于路牌上。

北大附小在东门外更远的地方,接近蓝旗营了。所以,小时候我每天上学放学都会经过成府。成府有一个小卖部,我经常在放学路上去那里买零食。成府还有一个固定的风景,大人们称她为蒙古公主。

蒙古公主是一个老太太,精神可能有点不正常。如果我没有虚构记忆的话,她总是梳着两个麻花辫,衣服虽脏,但是整齐。一个显示她精神不正常的迹象是,她有时候会在街上捡东西吃。其他方面并没有特别的反常,就是经常坐在小卖部的台阶上发呆,有时候还会笑。我从来没听她说过话。

听我爸说,她原来是一个旗人,从小就住在蓝旗营,家境很好,后来爱上了一个燕京大学的学生。她家里不同意,但她坚持,就跟那个男青年私奔了。说是私奔,也没奔多远,就在成府租房子住下了,离父母家也就一公里吧。

后来,那个男的毕业走了,也许是结婚了,又或是去世了,细节我不记得了,反正剩她一个人在成府住着。

那时候,她还没有疯,她有一只大白猫,跟大白猫过。

有一天,她的猫死了,她就抱着猫的尸体游街。

她应该就是从那天开始疯的。

多年之后,有一年放寒假,我从美国回到北京,一个朋友约我在"雕刻时光"见面,怕我找不到,还发了一张手画的地图。那时候，成府还没拆，不过小卖部早就没了。

　　雕刻时光的老板娘是一个在北影上学的湖南姑娘，咖啡店里有一只大白猫。

表白之外的商务原理

Q 遇到心仪的男性,但他身边不乏颜值高、有知识又多金的美女。怎样才能吸引他的注意,向他优雅地表达爱慕之情呢?

如果这个问题真的是"如何表达爱慕之情",那么答案其实很简单,你可以直接走过去跟他说:

我——爱——你。

你们会说:不对啊,我的问题不是"如何表达爱慕之情",而是

"如何优雅地表达爱慕之情"。那么答案其实也很简单,你可以直接走过去跟他说:

我——爱——你。

没什么比简单、直接、轻松的表白更优雅了。

如果你还嫌不够优雅,那再加上优雅的语气和表情,找个你觉得优雅的电影女主角,照着她的动作、表情,对着镜子练熟了为止。

如果不是当面表白,而是微信表白,请下载优雅表情包。

好了,你已经如愿以偿,向男神"优雅地表达了爱慕之情"。

然后呢?

在你"优雅地表达了爱慕之情"之后,最大的可能是:不会有然后了。

如果男神对你本来没兴趣,那么表白的结果无非是讨个直接或者间接的拒绝。除了被拒绝,这样做的一个更大的坏处是,让他过早地对你做出了结论,从而阻断了你本来可能尝试的其他吸引他的途径。

那如果男神本来对你有点兴趣呢?表白的结果通常不会让他对你的兴趣增加,反而有让他对你兴趣降低的危险。

原因很简单,人是一种逐利的动物,尤其是雄性,到手的猎物永远比不上还没到手的猎物,容易得到的猎物永远比不上不容易得到的猎物。

你一旦表白，对于他来说，就像是游戏玩通了，谁没事还会花时间去玩一个玩通了的游戏呢？

所以，记住褚老师恋爱第一定律：

永远不要表白。

用问题里的说法就是：永远不要"表达爱慕之情"，不管是优雅，还是不优雅。

所以啊，我觉得"如何优雅地表达爱慕之情"是一个错误的问题，这个问题不但违背了褚老师的恋爱第一定律，还带有一个隐含的假设，好像"优雅"很重要，只要"优雅"地表白，就能得到男神的青睐，这是一种很危险的错觉。

而应该问的是：如何让男神爱上我。

我想"表达爱慕之情"其实不是最终目的，而让男神喜欢你、爱上你才是，只不过你误以为表白是你必须做的一个步骤，对吧？听褚老师的，别表白。

不表白，那你应该做什么呢？

"如何让男神爱上你"这个话题实在太大了，不是一篇问答这几千字能说完的。有效的、可执行的办法和套路有很多，但是必须跟具体的应用场景紧密结合才有用。比如，男神跟你有多熟？他是你同事、老同学、闺密的男友的朋友？你根本不认识的网红？他现在是什么状态？是单身？有女友？有老婆？刚分手？长期没女友？你想引起他注意时，所处的场合是什么？朋友聚会？办公室？酒吧？

街上偶遇？微博？……

在中学同学聚会上，让当年的帅哥同学爱上你，跟在一个朋友聚会上，让一个你一见钟情的华尔街精英注意到你，套路是完全不同的，有空咱们可以根据不同场景好好讲讲。

不过，你要是想付费把所有场景一个一个都问一遍，估计你得破产。

在知道你的具体场景之前，我不想给你什么笼统的鸡汤式的答案，褚老师不是那样的人。那这么说，这篇问答就到此结束了吗？褚老师也不是那样的人。

One more thing ——
换个角度思考一下。

恋爱情感领域跟商务领域有什么联系？有什么我们可以借鉴的思路和案例吗？太有了！

回顾一下这个问题：

遇到心仪的男性，但他身边不乏颜值高、有知识又多金的美女。怎样才能吸引他的注意，让他爱上你呢？

注意，我把"向他优雅地表达爱慕之情"改成了"让他爱上你"。这个问题其实跟下面这些问题没什么实质性的差别：

我公司考虑进入智能手机行业，消费者现有的选择不乏很多世界知名厂商的精品手机，而我们的产品该怎样定位，才能在竞争者中脱颖而出呢？

我想开店，进入上海的餐饮行业，在上海这么一个餐饮选项五花八门的市场上，该怎么定位，才能有生意呢？

我想通过微博问答平台挣钱，微博上不乏各种意见领袖、百万大V，我该怎么做，才能得到付费读者的关注和喜爱呢？

……

类似的例子，我可以一直举下去。

你问题的答案涉及商务上的一个核心概念——Differentiation。

也就是差异化，如何能让你的产品——手机、咖啡、问答，跟其他的竞争产品区分开。

在你的问题里，这个产品就是你自己，你的竞争者就是男神身边的"颜值高、有知识又多金的美女"。

记住，差异化的方式通常只有三种：一、更便宜；二、更好；三、新类别。

在这三种里，你必须至少占一种。

简单讲两个案例啊。

卖家具这个行业古已有之，怎么做差异化呢？一家瑞典公司发现，中低档家具的成本大部分来自组装的人工成本和成品的运输、物流成本。于是，这家公司做了这么一件事：让消费者自己组装！这个决定导致了下面几种结果。

第一，让消费者自己组装，可以省掉生产中人力成本的大头；第二，半成品的紧凑扁平包装，节省了大量的运输空间；第三，这是一种全新的购买家具的模式和体验。

注意到了吗？这个模式占了差异化的两种：更便宜、新类别。

我想，你已经猜到了，这家公司叫宜家。

你知道世界上咖啡消费最多的是哪个国家吗？意大利？法国？错！答案是美国。

美国人虽然咖啡喝得多，但是喝得一贯很糟。但在很长一段时间里，美国人的主要咖啡消费是在家里煮，廉价超市品牌Folgers（福爵咖啡）几乎占领了这个市场，出门要喝咖啡，主要选项是在便利店买的几十美分装在泡沫塑料杯里类似于脏水的咖啡。这么说吧，美国原来基本没有咖啡店这种东西，美国人也没有去咖啡店买好几美元一杯咖啡的消费习惯。

后来，西雅图一家公司看到了机会，开始在美国大城市普及咖啡店这个概念，先是把咖啡这种消费者貌似熟悉的产品大大地提价，从几十美分提到几美元，提价几倍，从而创造出一个新的、陌生的类别，然后创造出一堆听起来像意大利语的英语词汇，让人有一种很洋气的错觉，再然后就是根据目标消费人群，精准选址之类的。

这家公司居然就在美国生生地开出了一个原来基本不存在的餐饮类别——咖啡店，以及现在中国小资们也能熟练使用的咖啡用语。

这家公司占了差异化中的第三条：新类别。

我想，你也应该早就猜到了，这家公司叫星巴克。

跟"颜值高、有知识又多金的美女"相比，你如何提高自己的差异化？试着从更便宜、更好、新类别三个方面想想。

一个分手的故事

Q 对于主动提分手、离婚这种事情,应不应该愧疚?如果愧疚,那么该如何调整这种心态?准备和女朋友分手,因为当时见她和照片有出入,但那时很虚伪地想装作"不在乎外貌的好男人",可坚持了一段时间,感觉太累了。

讲一个有关分手的故事吧。

我在纽约的时候,有一个好朋友叫尤某,北京男生,很帅。我认识他的时候,他30岁出头,在新泽西的一所大学当教授,后来嫌教书做科研钱少，就跳槽去做投行了。

刘瑜老师也认识这人，在她早期的一部小说里还出现过这个人物，小说里用的是其他的名字，不过特色太明显，熟人一眼就能看出来，比如小说里这个人物的口头禅是"话也不能这么说"，不管你是什么观点，他永远是这句，就算你改口顺着他说，他还是会习惯性地接着反驳你，说"话也不能这么说"。刘老师表示这样很累。

我说："这人是小尤吧？"刘老师说："呵呵，你别跟 Roy 说啊。"对了，小尤的英文名字叫 Roy。

Roy 这人其实很可爱，我也是后来跟他熟了才发现。一开始只是觉得这人跟纽约司空见惯的，从中国来留学，然后留下工作的"大老中"不同。

比如，大部分中国人都是在曼哈顿上班，然后住在新泽西，而 Roy 这人正相反，在新泽西上班，却住在曼哈顿。这就相当于在西二旗上班，却住在二环内，或者在张江上班，却住在法租界一样。

Roy 30 多岁的时候，还在热烈地一次又一次地恋爱，后来有一天，忽然发现真爱，彻底收心，结婚发福，现在已经是三个孩子的居家型父亲了。

我认识 Roy 的时候，正是他轰轰烈烈谈恋爱的时代。那时候，不管是什么人组织的什么 party，只要你去，就一定会看到 Roy，而且每次他出场都自带美女，更惊人的是，每次出现在他身边的几乎都是不同的美女。人虽然不同，但 Roy 喜欢的类型好像比较固定，导致有一次我把他带来的一个女伴当成了以前见过的另一位，聊了半天。

我要讲的女主角就是这些美女中的一个,她叫李悦。

李悦讲过几个有关 Roy 的细节,其中一个比较搞笑,她说 Roy 早上起来会深情地看着她说:

Oh Gosh, you're so beautiful!

注意,李悦不是外宾,她跟 Roy 一样,也是一个土生土长的北京人。当然了,李悦回忆这段往事的时候,是很动情的,只是我觉得两个北京老乡说外语的场面有点好笑而已。

另一个细节的起因是李悦逼婚,Roy 拗不过,就决定跟他好了多年的日本女友分手。这个事实如果不是李悦后来到处说,大家应该不会知道——Roy 的正式女友是他在 Berkeley(加利福尼亚大学伯克利分校)读博士期间认识的同校同学,一个日本女生。Roy 毕业到纽约附近一所大学工作,女朋友去了华盛顿一个智库工作,虽然不在一个城市,但都在美国东海岸。

分手的事情闹得很大,Roy 的妈妈专门从加州飞来,应该是不愿意 Roy 为一个莫名其妙的女生而抛弃好了多年的像家人一样的女友吧。分手那天,Roy 向李悦借了车(解释一下,Roy 常年住在繁华的曼哈顿,没有买车的需要),带着他有些内疚的妈妈和他跟日本女友从上学时就已经在养的一只猫,从纽约开车三百七十公里,到华盛顿去进行送猫、分手的仪式。虽然我只是听说,但不知道为什么,我总觉得那个开车的情景很真实、很有场面感,就像我在旁边的车上透过车窗看到了车里的 Roy、他妈妈和他的猫一样。

我觉得这个细节挺感人的。

Roy 跟日本女友分手之后,并没有像李悦想象的那样跟她结婚。哎呀,我还忘了交代另一件事了,李悦已婚,老公在美国南方的一个小城市工作,她一心想着离婚以后嫁给 Roy。可是 Roy 跟日本女友分手以后,很快就不再接李悦的电话了。我记得那年夏天,李悦很焦虑地四处打听 Roy 的消息,也给我打过几次电话问情况。那时候,我跟 Roy 还不熟,只能很套路地说,你现在最好的策略是"抻"——忍着不跟 Roy 联系,让他觉得这游戏还没玩通,说不定他会主动跟你联系的。

秋天的时候,有一天,我在开车时接到李悦的电话,她说:褚老师,我听了你的,已经几十天没给 Roy 打电话了,他怎么还没跟我联系啊?

如果我没记错的话,那时候,Roy 刚认识他现在的夫人,正在热恋。这期间,李悦离婚又复婚,她说她那个木讷的前夫让她写了一份检查。

第四章

实现突围
——努力让自己提升的技术指南

如何打破冷场

Q 在不熟的聚会场合中,总是不知道该怎么带动气氛,一说话就冷场,感觉好尴尬。这种情况该怎么避免?又该怎么改变自己呢?

就在几分钟以前,我刚刚退了一个微信里的小群。你们可能会问,退个群什么的,是件很常见的事啊,有什么好大惊小怪的,大半夜跟我说呢?

这可能跟我这个人有关。

说实话,我一直没能彻底学会、接受微信群这种交流方式。比如，各种中学、大学同学群，几百人在里头，每天聊得热火朝天，可我总是不知道该怎么加入到当前的话题里，而且，我是个有严重强迫症的人，每次打开微信，看见某个群里有上百个未读信息，我会感到非常焦虑。

再比如，对于大家喜闻乐见的发红包、抢红包活动，我也一直有一种固执的偏见和抵触，我总觉得这是一种挺虚情假意的玩意儿。

首先，我懒得抢。王朔老师好像说过这么一句话，原话不记得了，大意是：我已经过了为蹭一顿饭而跟人浪费一天时间的年纪。其次，我也一直拒绝发红包。有一年春节，大家在微信上发红包、抢红包，正玩得不亦乐乎的时候，我还不合时宜地发过一条微博说：

比在网上抢红包更可悲的是，在网上发红包的，无非想买点别人对他的接受和好感。一个群里发红包越大方的人，不安全感往往越强烈。

现在，你知道我这人有多烦人了吧？

还有就是各种同事群，那是一个比同学群更令我不适的存在，一帮人在群里天天晒加班、晒敬业，争着第一个转发各种业内新闻、动向，以示自己的敏锐嗅觉和洞察力，当领导偶尔在群里发言的时候，他们又纷纷跳出来比拍马的速度和水平，反正就是突出一个虚伪，这样的东西看多了，会让你对世界失望。

我还发现过一个定理：在一个有领导的同事群里，发言越多的，越傻。这一条判断谁傻的依据特别准，不信你试试。

所以，对于微信群这种东西，我一贯是采取一种消极抵抗的策略，你非要拉我进去，我不反对，但是我会这么做：一、设置消息免打扰，也就是不到万不得已，从来不看；二、从不发言。除非是那种几个人为谈事情临时组成的群，说完了就散，这样的微信群，我觉得没什么不好。

只有极少数的特例。

刚才我退出的那个群，是我少有的不屏蔽消息，还会经常发言的一个非临时性的群。我还真的认真地反思过这个群跟那些令我反感的微信群有什么特殊的地方，我想到了两个：

第一，这个群很小，一共就十多个人。你别看我平常显得很能说，但是我跟很多人一样，如果你把我放到一个有很多人的场合，我往往会觉得不知道该说什么好，经常是一说话就冷场。只有在人数极有限的时候，我才能真正地跟大家聊起来。

第二，这一点很关键，我发现我跟这个群里的每一个人都吃过饭。也就是说，这些人首先都不是只在网上认识的，而是在生活中见过的，不仅见过，还必须有足够的了解。我一直坚信，人的亲密程度是可以用"一起吃过饭的次数"来估算的。为什么结婚是这么重大的一个决定呢？因为这意味着你许诺要跟一个人一天吃三顿饭，而且一吃就是几十年。

铁凝老师写过一篇很感人的小说叫《安德烈的晚上》，讲的是两个在同一个工厂里工作了很多年的人的爱情故事,他们虽然不是正式的情侣,可是每天一起吃午饭,便吃成了亲人。

扯远了。

还是先回答这个问题吧,我多年前博士毕业找工作的时候,曾经买过一本教人怎么面试的英文书,书名很可笑,叫"Knock Em Dead",要是让我译成中文,应该是"打死丫的",书中讲到过一个具体的、常见的场景。

就是说,在面试的时候,忽然冷场了,面试官不说话,你也不说话,场面形成了一种有点尴尬的空白,这时候,你该怎么办呢?

据《打死丫的》这本畅销书的作者说,在这样的场景下,你不应该试图没话找话打破冷场,或者主动去干点什么改变气氛,你最优的策略是:什么也不说!

你应该坚持沉默,你可以微笑,可以保持目光接触,但是,你不需要先开口。

这个建议猛地看起来有点匪夷所思,但是后来我发现,对于一个应试者来说,这绝对是一个极好的策略,尤其是当我坐在面试桌子的另一面的时候,我才越来越意识到,应试者主动打破冷场,往往是一种慌张不自信的信号,同时,也往往是对面试官的误判和对面试节奏的破坏。一个自信、令人愉快的应试者,应该放松地把面试交给对面的人去掌控,而不是总是觉得自己有活跃气氛的责任。

把这个思路应用到这个问题上，在不熟的聚会场合中，没必要觉得自己有带动气氛的义务，说句听起来有点鸡汤的话吧：下一次，可以试着做一个好的聆听者，放手让别人去掌控聚会聊天的话题和节奏，你只需要微笑、目光接触、跟着大家的节奏加入聊天就可以了。

我刚才退出了一个小群，可能是因为我忽然意识到大家一起吃过的饭还是太少。

友谊的三个层次

Q 在友情观、审美情趣等诸多很重要的问题存在巨大分歧的情况下,如何还可以保持坦诚交往?我们怎么样可以训练出这样的胸怀?

友谊分三个层次:

第一个层次是"因为"型友谊。你"因为"某某有才,或者有钱,或者有趣,或者能学到东西、能给你的事业带来提高,而跟他交朋友。这种友谊很常见,同事、同行里很多所谓的"朋友"都是这个类型,还有种说法叫"人脉"。这个层次的友谊是一种功利的友谊。

第二个层次是"尽管"型友谊。"尽管"某某是你不喜欢的某些人，或者爱好养生，或者爱听某某人的歌，但你还是愿意跟他交往。这种友谊也很常见，你可以喜欢一个人到忍受那些他让你不顺眼的地方，感情比第一个层次深了一些。但问题是，你还是觉得那些东西不顺眼，能改了最好，很有可能你还总想着要说服教育他。

第三个层次，也就是友谊的最高境界——"无条件"型友谊。如果你觉得你难以说清喜欢一个人的原因，用所谓的套话——感觉是"无缘无故的爱"，怎么看怎么顺眼，那种友谊就应该算真爱了。真爱的一个特点是，一件发生在别人身上会让你反感的事情，发生在这个人身上反倒显得很可爱。

俗话说，美女的屁都是香的，就是这个道理。

"混圈子"的原则

Q 有什么"交友秘诀"和"混圈原则"?怎样才能混进比自己优质的圈子?如何避免无效社交?是否赞同在校大学生或者刚入社会的年轻人去刻意"混圈子"经营人脉?

你可能把朋友圈里的"圈"跟"混圈子"里的"圈"弄混了。这是这个问题里的第一处错误。

接下来问的几个问题都跟这个错误有关。

比如,问有什么"秘诀"和"混圈原则",跟朋友成为朋友没什么秘诀可言,喜欢就是朋友,不喜欢就不是朋友,由朋友组成的圈子是不需要"混"的,如果非要说有什么"秘诀",那就是:一心想混进来的,肯定混不进来。

第二个问题问"怎样能混进比自己优质的圈子"。这让我想起某导师的一个"成功学"鸡汤,他说你应该花心思结交比自己优秀的人,而不是比自己差的人,这句话猛一听很有道理,但你想过没有,如果世界上每个人都听了这样的教导,只跟比自己优质的人结交,那谁跟谁都不会有结交的机会了。

想起伍迪·艾伦老师讲的一个笑话,他说:所有有我是成员的俱乐部,都不值得加入。

所有"比你优质"的圈子,都是你混不进去的圈子。

你的第三个问题问"如何避免无效社交"。我说了半天,其实"无效"这个词就是你所有错误的根本,你太功利,交个朋友还非要"有效"。

说句实话吧,没人愿意跟这种人交朋友,不管是比你强的,还是不如你的。

城市的癌症

Q 网上热传北京非常有文艺氛围的方家胡同里,被全面整顿改造了,网上的相片还做了对比。您觉得城市对于这些街道怎么整改才算合理?

几年前一个春节,我去长沙看我舅舅,我表弟和他女朋友带着我去湘西凤凰古城玩了几天。表弟很热情、很周到,从头到尾都是最好的招待。但是,对于那次旅行,我还是感到很失望。

我们住的地方是古城中心临河的一座老房子,从外面看,很古老、很漂亮,但是进去以后,完全不是那么回事,整座房子已经被完全掏空重建过，只剩下外面一张皮还是原来的，从房间的装修和装饰上看，你能感觉到老板还是用了心的，也许是过于用心了，画风是什么样的呢？可惜当时我手头没有相机，所以你只能听我描述了。

借用一个你问题里的词吧，就是"文艺"。

一种在中国各类古镇、老城区、旅游景点常见的那种小清新式的所谓"文艺"。4月，两位北京的长辈到上海来玩，慕名想去上海附近的朱家角古镇住两天，我联系了一个朱家角的朋友，给他们找了一个有大院子的古宅，那个朋友把房间照片发给我看，跟我当时在凤凰古城住的房间风格几乎一模一样，简直有一种穿越时空的感觉。

这种"文艺"跟湘西无关，跟江南无关，跟大理洱海什么的也无关，只跟那些侵入、破坏这些古镇的外来店主，以及他们目标客户群的失败品位有关。

而这种品位的牛就在于，它的巨大生命力和传染性，不管你把它移植到什么地方，它都能马上生根发芽，并且迅速把全国各地的游客吸引过来，然后彻底淹没和摧毁原来的东西。

想起一个词：癌症。

冯小刚演的《老炮儿》你们看过吧？电影里的一些镜头应该是在后海拍的，一个又一个的门面，里面无一例外都有几个咿咿呀呀水平奇低的被称为"驻唱歌手"的无业青年，门口有几个普通话都说不好的可疑人员拉你进门。临湖几百米长的路上，密密麻麻地长出来的都是类似的东西。

有时候，我挺同情那些坐在里面自我陶醉的游客，他们大老远到北京来玩，结果折腾了半天，还是坐在了一个跟北京毫无关系的地方体验"北京风情"。

其实，为了这样的体验，大家根本不用费这么大的周折，北京跟长沙跟郑州跟凤凰古城没有区别。

你在南锣鼓巷吃的"老北京臭豆腐"，跟你在田子坊吃的"老上海臭豆腐"，跟你在凤凰古城吃的"苗族传统臭豆腐"都是一种东西。

除了生命力顽强，"癌症"的一个重要特点就是爱转移。在把一个健康的地方摧毁之后，它一定会转移到下一个地点，然后开始繁殖。

北京的"文艺"地带的转移路径基本是这样的——从后海转移到南锣鼓巷，再转移到五道营胡同，再转移到方家胡同（798是另一条转移路径），每一次，有些人都会用同样的神秘口气跟你说，某某地方已经 out 了，现在最文艺的地方是某某。

我有一个"臭豆腐定理"：任何一个所谓"文艺"街区，一旦出现了"臭豆腐"，那么这个地方的癌症已经彻底完成了侵入，到了该转移到下一个地点的时候了。

趁还没开始卖臭豆腐，对方家胡同整治改造，把失败"文艺"癌彻底切除，北京市政府做得太好了！

在凤凰古城看到的一样让人省思的东西，我到现在还记得。一家餐厅门口的野味笼子，里面有一只鸡和一只猫，那只猫被鸡啄得遍体鳞伤。

性侵与潜规则

Q 如何看待一些公司对女实习生接受潜规则就有机会转正的暗示？女性碰上这样的处境，该如何应对呢？

一

首先，我认为你问题里描述的这种情况不应该被称为"潜规则"。

公司里一个男性职员以转正为要挟，向女部下索取性服务，这不应该叫什么"潜规则"，这叫"性骚扰""性侵"。

职场"性骚扰""性侵"不可以容忍。

除了你说的这种男对女的情况,换成女对男、男对男或者女对女的骚扰,也是同样恶劣,同样不可以容忍。

在任何一家靠谱的公司,"性骚扰""性侵"都是触犯底线的事情。如果你被同事性骚扰,那么最规范的解决办法当然是按照公司流程上报,确保:一、对你造成伤害的行为立即停止;二、侵犯者得到应有的惩罚。

你会说:褚老师,你怎么开始唱高调了?

你说的没错,所谓"规范的解决办法"在很多时候是无效的。如果在一家公司里,你遇到了问题里描述的这种"性骚扰",那么很可能这种事已经发生过很多回,那些形式上的公司制度、流程,并没有起到应有的警示、惩戒、遏制作用。

这么说吧,在一家严肃对待"性骚扰"的公司里,性骚扰其实极少发生,发生在你身上的概率也非常小。所以,根据贝叶斯定理(为简单起见,今天就不推公式了),一旦你真的遇到一起这样的事,那么在同一家公司里遇到性骚扰的整个概率也大大增加了。

也就是说,很可能这是一家垃圾公司。

在一家垃圾公司遇到性骚扰,你的最佳对策是什么呢?按照公司规范流程上报?当然不是,你的最优选择是立即离开。

二

说说"潜规则"。

你问题中的那种情况不应该叫"潜规则",但这并不等于"潜规则"就不存在。而不幸的是,其实"潜规则"无所不在。

看过一个段子,大意是:公司里一个本来很低调的秘书忽然变得很跋扈,嗯,大家都知道她跟领导有什么了。

也许不都这么戏剧化,但我想,每个人生活中都遇到过类似的情况,一个水平不怎么样的同事莫名其妙地得到异性领导的赏识和提拔,一个表面上职位并不高的人在办公室里颐指气使,大家都不敢惹。

这应该才是你说的"潜规则"。

潜规则绝不是什么好事,但是在潜规则和性骚扰之间还是有一道粗粗的红线的。

前者的前提是两个成年人自愿进入一种交易,交易双方从某种意义上说,是一种平等关系,你有我想要的,我有你想要的,各取所需。在交易中,两个人都获利,承受损失的是雇用这两个缺乏职业操守的人的公司。

而性骚扰则是一方试图逼迫另一方进入交易,不管交易是否成功,两个人是不平等的关系。这有点像嫖娼跟强奸完了给钱的区别,假定所有人都愿意拿性做交易,是一种很没教养的行为,而利用自己的地位要挟别人卖身,则属于赤裸裸地欺负人。在这种交易中,受害者除了公司,还有被性骚扰的一方。

注意,我们不能假定在"权、性"交易中,主动的一方一定是有"权"的一方,被动的一方一定是有"性"的一方。事实是,在很多情况下，后者是交易的主动发起者和推动者。有时候还得跟大批有同样想法的人竞争，才能胜出，然后让交易成功发生。据说演艺圈有很多这样的案例。

我们同样不能假定在有一方不情愿的"权、性"交易中，受害者一定是"性"的一方。如果一个女的色诱男领导，或者一个帅哥色诱女老板，然后以此要挟，要求得到职场上的好处，这也是一种胁迫，也是一种"性骚扰"。

对昵称负责

Q 对于初识的一些人,怎么才能快速地从其光鲜外表中看出他们真实的内在?

一

在上海的一位朋友,不久前生了个儿子,朋友姓杨,孩子取名叫"杨一工"。

据说现在给男孩子起名字流行"轩、晗、睿、昊",以及这几个字的同音字。如果按照这个趋势,那过几年,满大街都会是"睿涵"啊,"浩宣"啊什么的,感觉一出门,应该满眼哗哗哗的都是小鲜肉。想象一下，那该是多么壮观的场面啊！

等杨一工长大了，应该会感谢他的父母给他选了这么一个简单、低调、大气而高端的名字。跟他同学那些毫无辨识度的名字比起来，"一工"简直高大上得无可比拟。

据说"杨一工"这名字有三解：

第一解有关他的父母：杨同学和王同学的后代——"一""工"是"王"字的拆解。第二解有关他的事业：一个工作者，没什么比这个更低调、更谦虚、更高贵的理想了。第三解有关他的生活："一"字又可以当成数学里的减号，所以，"一工"可以作为"减工"解——少工作、多生活，这个名字带着一工父母对这个孩子人生的衷心祝愿。太牛了！

二

一个人名字的好坏，他自己负不了责任，要负责任的是他的父母。因为很显然，父母给你取名字的时候，你还不知道在什么地方发呆，你叫什么，根本就没跟你商量。所以，从一个人的名字上，你顶多能判断出他父母的档次，但是判断不出他本人是不是有档次。

但是，还是有办法从一个人的"名字"迅速看出其光鲜外表下的真实内在。你需要看他在网上用的昵称，这是他自己起的。

据说是林肯说的："Every person is responsible for his own looks after 40." 每个人都应该为自己40岁以后的相貌负责。同理，你可以不对你的名字负责，但是你需要对你自己起的昵称负责。

迈克尔·杰克逊有多牛

Q 聊聊迈克尔·杰克逊。
巅峰时期他究竟有多牛?

上中学的时候,我们学校有个在日本的友好学校,叫"早稻田大学本庄高等学院",我理解为"早稻田大学附中"的意思。一年一度早稻田大学本庄高等学院的同学们会来北京跟我校同学们搞一次"交欢"活动(不要胡思乱想,大家就是联欢交流一下而已)。

问题是,我们大都不会说日语,而日本同学也大都不会说汉语。所以,大家除了面面相觑,只能使用第三种语言——英语,进行交流。不像现在的小孩都是看美剧长大的,那个年代,北京孩子英语口语普遍都很烂。

好在日本人说话爱无原则地点头。所以,就算其实谁也没听懂谁说了什么,但现场的气氛一直是热情、友好的,有一种在一系列问题上达成了广泛共识的感觉。

语言很重要。

有过这么一个实验,社会学家研究语言对人思维的影响,找了一批在美国出生的双语日本小孩做实验,这个实验的关键是"双语",要求参加实验的儿童必须都是从小就使用英语、日语的,对两种语言的驾驭度都能达到母语水平。

然后,他们把小孩随机分成两组,一组是日语问卷,另一组是英语问卷。注意,问卷的语言虽然不同,但问题是一模一样的!比如都会问:"你父母不同意你留长头发,你会坚持自己的意见吗?"诸如此类。

当研究人员统计问卷结果的时候,他们发现,虽然都是同一拨孩子,问的是同样的问题,但是用日语问卷的孩子的答案,跟用英语问卷的孩子的答案有明显的不同!前者在价值观等方面的倾向更接近传统的日本文化,而后者则更接近于美国人。比如上面这个问题,被用日语问到的孩子,明显没有被英语问到的孩子那么"爱自由"。

记住,实验是随机分组的。也就是说,从统计学上讲,孩子都是一样的孩子，问题也都是一样的，仅仅是换了一种语言，表现出来居然像换了一个人！

煽情一点的说法是，我们都是我们使用的语言的奴隶。

你注意到了吗？很多人一说英语，马上就表现得很奔放、很夸张，跟平时判若两人，估计就有那么点这个意思。比如《欢乐颂》里的安迪，一说英语就爱耸肩（后来发展到不说英语也耸肩）。不过这种情况跟上面的实验还是有很大的区别：实验里的孩子日语、英语都是母语，而安迪说英语时表现出来的夸张可能跟刘涛英语的好坏有关。

反正我们跟早稻田大学本庄高等学院的同学们联欢的时候，不得不使用英语，而且英语还都不好。

英语不好的一个直接后果就是，大家的交流很难深入，说来说去，容易一直局限于几个常见的、没话找话的"英语角"式的话题。比如，你有什么兴趣爱好？比如，你喜欢音乐吗？（废话！）再比如，你喜欢什么音乐？

"What music do you like?"（你喜欢什么音乐？）

当我被一个看上去很腼腆的日本朋友问到这个问题的时候，我毫不犹豫地说：

"Michael Jackson! I love Michael Jackson."（迈克尔·杰克逊！我爱迈克尔·杰克逊。）

"Oh, Michael Jackson! I love Michael Jackson too!"（哦，迈克

尔·杰克逊！我也爱迈克尔·杰克逊。)

日本帅哥用惊叹句回答说。

说实话，我一点也不喜欢迈克尔·杰克逊的音乐。准确地说，我试图喜欢过，但就是喜欢不起来。如果你用中文问我这个问题，那么答案肯定不是他。

我怀疑那个问我问题的日本朋友也跟我一样。

认怂很重要

Q 有没有过自私和软弱的一面?或者有没有做过因为自己的自私和软弱而让自己特别后悔的事情?

你说自私和软弱的"一面",让我想起美国导演希区柯克老师的一个段子。

说有一次,希区柯克老师拍片子,一个女演员特别不好说话,总是嫌他没有拍出她最"美丽动人的一面"。后来希区柯克被弄烦了,说:"我没办法拍到你最美丽动人的一面,因为你正把那一面坐在椅子上。"

好吧,略有点不健康。

我想说的是,我的情况跟这个女演员正相反。她是美丽动人的"一面"难以被捕捉到,而我自私和软弱的"一面"却无处可藏。这么说吧,我觉得我几乎每一面都是自私和软弱的,你要是问我"有没有过不自私、不软弱的一面",那我倒还真得好好想想。

不过,我觉得这没什么不好。

宗教里有一个概念叫"罪"。这个中文字容易让人产生误解,让人以为跟杀人、放火、偷东西是一个意思。其实,"罪"指的不过是你跟神对你的期望之间存在距离而已。比如你爸希望你上清华,结果你考上了石家庄煤炭工程学院,哎,你有"罪"了。

关于罪,我听过最好的解读是在伊利诺伊上学的时候,一个星期天做礼拜听牧师讲的。

那次礼拜之前不久,牧师刚从夏威夷度假回来。从我们所在的那个大学城去夏威夷要转两次飞机,先要在芝加哥转机飞旧金山,然后在旧金山转机飞檀香山。他说,在旧金山等飞机的时候,他老婆开玩笑说:"哎,要不然咱们省点钱把机票退了,游泳游到夏威夷吧?"

他说他老婆是游泳健将,而他基本只会在游泳池里泡着,但是,他们两个谁都游不到夏威夷,从旧金山到檀香山的飞机要飞六个小时。他老婆能游出去几千米,而他能游几十米,但对于几千千米的大海来说,这都可以忽略不计。

他说，人与神对人的期望之间的距离，就像旧金山到檀香山的距离，别指望通过自己的努力达到，只能认怂，然后靠神的恩典。

认怂很重要。

神对人到底有什么要求呢？哈哈，当然不是考清华这么肤浅。神对人的要求就两条：坚定不移地爱神，全心全意地爱周围的人。

所以，"罪"就是不能坚定地爱神，不能无私地爱周围的人，也就是你说的"自私和软弱"。

人都是有弱点的，别指望自己全改，认错就好。

国际的马拉松

Q 如何看待各城市的"马拉松热"?为什么很多人挤破头地去报名?有的途中就出问题了,送医院抢救的也不少。这是一种什么现象?不是很理解。参与的人是什么样的心理?

一句话——赶时髦。

马拉松这东西,在很多小白领眼里,跟喝咖啡、下午茶、过圣诞节同属一类活动,当然,自我满足的一个重要组成部分是晒朋友圈。

这类装腔体验的另一个关键是——"与国际接轨",这一点很重要,你知道吗,波士顿的马拉松叫"波士顿马拉松",纽约的马拉松叫"纽约'市'马拉松",而厦门的马拉松叫"厦门'国际'马拉松"。

我一个朋友几年前问过我这样一个问题:为什么在纽约星巴克里打工的都是一些底层劳动人民,而北京、上海的星巴克的工作人员里不乏相貌端正,甚至大学毕业的本地青年呢?

对于这个问题,我跟他说了一堆关于经济、政治、文化的大道理。耐心听完我的大道理之后,他讲了一个他的理由,他说,北京、上海(早期的)的星巴克大都在一些高档写字楼的底层,那些在星巴克打工的城市青年,每天早晨去国贸、金茂上班,跟金融男女挤同一线地铁,在同一站下车,走进同一座大楼,有一种自己也进入了高端白领圈子的错觉。

虽然这只是一个毫无数据支撑的猜想,但我觉得比我之前说的那一大套加起来都有说服力。

除了地点,对于爱装的小白领来说,名字也极为重要。不信,你把"厦门国际马拉松"改成"厦门长跑比赛"、把"骑行"改成"骑自行车"、把"徒步"改成"走路"试试,看看还有几个人晒朋友圈。

用餐礼节

Q 如何看待这些所谓的"用餐礼节"（此处指的并不是"不可以吧唧嘴"之类最基本的家教，而是指"不可以吃全熟牛排""必须用某种姿势拿红酒杯才算有'教养'"，或者"吃寿司应该用手抓着吃"之类让人感觉很装腔作势的行为）？

分答上有人问过我，原话不记得了，大意是"怎么能在饭桌上看出一个男生的档次"。

有一条特别准的判定依据：那些一说起葡萄酒就滔滔不绝的，

都在装腔。

准确地说，喜欢滔滔不绝跟你说葡萄酒的有两种人：一种是失败者，一种是刚刚摆脱了失败者身份的前失败者。前一种装腔，但装得真诚，有一种人第一次坐电梯时的兴奋。后一种自己刚过了一天电梯瘾，就非要给大家当老师，一本正经地讲"电梯的使用""电梯的种类"，俨然一副电梯主人的样子，属于既装又傻。

据我观察，在这两个失败者的品种里，现在常见的是第二种。

更可笑的是，最近忽然冒出来的一堆什么"品酒师"，喝个酒还需要学，还需要买个证书。这帮人不知道，这种证书不但不能证明一个人懂葡萄酒，反倒证明了这人本来就没怎么喝过葡萄酒，现在买了个证，准备凭证上岗行骗了。

你瞧，他们总是爱自证自己的无知。

有一次，一个人在微博上嘲笑奥巴马夫妇拿杯子的姿势不正确。他不知道，只有刚学会喝葡萄酒的入门者才会坚信拿杯子的方式有对错之分。

还有晃杯子，这明明是一种恶习，而可笑的是，他们还以为自己这样做很高端，学会了在空中晃的，还会嘲笑只会在桌面上晃的。

想起这么一个故事。

几年前，捷克刚刚加入欧盟不久，正好轮到当欧盟主席国一年。捷克以极大的责任心和热情开始执行欧盟的一系列人权条例，对老牌欧盟成员英法德开始像煞有介事地搞起调查来了。

记得我热爱的英国杂志《经济学人》说：一个俱乐部里的两种成员最烦人，一种是不拿规矩当回事的，一种是太拿规矩当回事的。这两种人往往都是新来的。

从装牛到真牛

Q 如何成为一个有趣的人?

你听说过"图灵测试"吗?

这是英国数学家、计算机之父艾伦·图灵在 1950 年提出来的一个关于如何判断机器是否有智能的测试。他说你可以通过一个键盘跟机器聊天,如果聊了半天,你也不能判断跟你聊的到底是一个机器,还是一个人,那么这台机器就是有智能的。

我想说的是,你本来是不是一个有趣的人其实不重要,只要你装得足够像就行了。

用一句套话说，你可以："Fake it until you make it."

我来试着翻译一下啊："装牛直到真牛。"

翻译得太到位了，真崇拜我自己。

那你该怎么开始装呢？褚老师给你一个具体的、可执行的建议吧，一个很好的办法就是关注、复制瓦西里老师、许岑老师，或者褚老师的言论。

注意：在图灵测试里，很关键的一点是交流必须通过键盘和文字进行，这一点很重要，要想造出一个有血有肉、能以假乱真的机器人，那难度就增大了。

所以，要在网上成为一个有趣的人是可行的，想在生活中像褚老师一样有趣，那基本没戏。

英语变牛的捷径

Q 最初看英文杂志时,如何快速有效地处理生词?

在纽约的时候,碰到过一个女生,中国人,刚认识的时候,觉得她英文挺好的,出去吃饭,点菜、跟服务员闲聊什么的,都很自然得体。后来熟了,我发现她的英文其实比我想象的要差得多,除了点菜之类的生活用语很溜之外,在朋友聚会上用英文聊天的时候,很多话题她完全插不上嘴。

我上大学的时候,北大还流行过一种东西,叫"英语角",感觉所有人永远在重复同样的几句话:同学,你是哪个系的?同学,你有什么业余爱好？

很多人以为快速提高英语水平需要所谓的"语言环境"，比如混英语角，交个外国男朋友、女朋友什么的，其实这是一种错觉，依靠环境学英语太慢了，而且最可能学到的都是一些简单、重复的套路。学英语最快最好的办法就是死记硬背。

这是褚老师给你的第一个建议。

那你该死记硬背一些什么呢？当年那个纽约女生也问过我这个问题，我的回答是《经济学人》。

我第一次看到《经济学人》的时候，已经二十好几了，那年夏天，我在波士顿实习，公司里一个同事有把家里看过的杂志带到办公室共享的习惯。说实话，我一开始看的时候，特别不喜欢，觉得这杂志怎么这么多偏见啊，说到每件事，都有强烈的观点，一点不像《时代周刊》之类的美国主流媒体，凡事讲究"客观、中立"。

回想我当年的反应，应该跟现在很多人看到我微博的反应差不多吧。我想你们的年纪应该还没我那时候大，这么年轻就知道看《经济学人》，比我幸运多了。

我是后来才学会欣赏这种不掩饰自己观点的报道叙事风格。我跟那个女生说，死记硬背《经济学人》，除了能让你迅速提高英语水平，还能让你增加谈资，而最重要的是，能让你养成一种有趣的、直接的、优雅的说话习惯。

这是褚老师给你的第二个建议。

上面的两个建议送给你们,下面回答这个问题。

一、关于版面,我除了"中东和非洲"版面懒得看,其他都挺喜欢。

二、我从不查字典,不懂就瞎猜。

段子付费的时代

Q 上学时非常努力刻苦,而成绩仍然比不上轻松学习的学霸,事实是这样吗?有什么必然的联系吗?学习有什么正确的姿势和怎样学以致用?

这个问题我还真没听过,本着认真负责的态度,刚才我搜了一下,全文好像是这样的:你用小米手机,穿凡客T恤,泡贝塔咖啡,听创业讲座,宅在家看耶鲁公开课,知乎、果壳关注无数,36氪每日必读,BAT(中国互联网公司三巨头)大格局了如指掌,张小龙贪嗔痴如数家珍,肉夹馍只吃西少爷,约饭局去雕爷,喜欢罗永浩胜过乔布斯，逢人便谈互联网思维……如果上述条件都符合，那你应该每天还在挤地铁。

数了一下，一共是十二个条件，我中了一个。

幸亏原文里说的是"如果上述条件都符合"，每条都是必要条件，而不是充分条件，要不然我也得每天挤地铁了。

但是我觉得啊，其实原文的逻辑并不准确，除掉我中的那一条，其他的每一条都应该是充分条件。比如，"BAT大格局了如指掌"——那你应该每天还在挤地铁。还有，"每天挤地铁"只不过是原来创作这个段子的段子手为了增加代入感而使用的一个修辞，他真想表达的意思应该是：活在创业梦想里的失败者。

所以，完整、正确地叙述一下这个逻辑：

如果你对BAT大格局了如指掌，那么你应该是一个活在创业梦想里的失败者；如果你宅在家看耶鲁公开课，那么你应该是一个活在创业梦想里的失败者；如果你逢人便谈互联网思维，那么你应该是一个活在创业梦想里的失败者……

而且，你永远不会成功。

为什么呢？

褚老师帮你分析一下啊。

这个段子里的十二条判据，其实可以被归为三类：

第一类包括五条：

一、用小米手机；二、穿凡客T恤；三、泡贝塔咖啡；四、肉夹馍只吃西少爷；五、约饭局去雕爷。

这一类是你的生活习惯——体。

第二类也包括四条：

一、听创业讲座；二、宅在家看耶鲁公开课；三、知乎、果壳关注无数；四、36氪每日必读。

这一类是你的知识来源——智。

第三类包括三条：

一、BAT大格局了如指掌；二、张小龙贪嗔痴如数家珍；三、逢人便谈互联网思维。

这一类是你的思维表达——德。

分析问题的一个好习惯是，设想一个具体的应用场景，然后把各种已知条件放到这个场景里，看看推演的结果是什么样子，这往往比空洞地讲道理要更有意义、更有揭示力。咱们今天可以考虑两个场景：一个是相亲，一个是见投资人。

先说相亲。

你的生活习惯代表的是你外在的东西，大概算是"体"吧。设想一下，如果你相亲，跟女生约了在雕爷见面，穿着凡客T恤，然后掏出小米手机，你觉得结果会是怎样呢？如果你觉得成功的概率很大，哈哈，那抱歉，我真的帮不了你了。我只能说，女生都是很敏感的动物，她们的一大本领就是，从一些你的生活细节来判断出你的能力和档次——你暴露了。

再说见投资人。

如果你提到互联网思维、BAT大格局、张小龙或许其他类似的任何一个，你会很快被赶走。因为这说明了：

一、你没有自己的想法，都是在重复网上看来的垃圾；

二、你情商低，低估了投资人的智力和见识，以为这些能忽悠他；

三、这是最重要的一点——你缺"德"，低情商也就算了，你把网上看来的东西直接唾沫星子乱飞地搬运，属于很低端的剽窃，不会有任何靠谱的投资人想跟这种毁三观的人有金钱生意上的纠葛。

罗永浩好像说过，所有的问题归根结底都是智力问题。

你在"体"和"德"两方面的低下，归根结底还是因为"智"出了问题。问题就在于你的知识来源彻底错了：听创业讲座，宅在家看耶鲁公开课，知乎、果壳关注无数，36氪每日必读，这才是你悲剧的根源。

这么跟你说吧，上面这些地方得到的所谓"知识"，都算不上是什么知识，真正的、有用的、能称得上知识的东西是：数学、物理、计算机、生物、医药、金融、法律、管理，你根本不可能通过这种科普性的碎片式的方式得到，唯一有效的办法是系统地、严格地在靠谱的大学学习和练习。

日语里把学习叫"勉强"，我觉得很贴切。

最近不是特别流行"知识付费"这个概念吗？一堆人傻呵呵地

在网上买职场秘籍、理财秘籍,或者上什么"××商学院"之类的。唉,让我说什么好呢?如果你真以为自己买到的是"知识",那你真的得一辈子挤地铁了。

我觉得吧,把"知识付费"改成"段子付费"更为贴切。

\ 第五章 \

推倒无知的墙
—— 填补你思维的缺口

比特币是什么

Q 之前比特币突破了1.6万美元大关,社交平台媒体关于比特币的讨论越来越多,周围很多看似很理智的朋友也按捺不住投了进去。可我还是不懂。你是怎么看待比特币的?会买来投资吗?

一、比特币不是货币

你说之前比特币"突破了1.6万美元大关",哈哈,你过时了,后来比特币突破过2万美元大关。也就是说,如果你一星期前花一个比特币买了辆比亚迪,那这星期里,你一定后悔死了,因为你刚花出去这一个比特币,几天内就从 1.6 万美元涨到了 2 万美元,你等于多花了 25% 的钱买你那辆车。

当然了,这两天比特币的价格又从 2 万美元的高位猛跌了几千美元,如果你是在 2 万美元的时候买的车,那你可赚大了,那个卖车的人应该正在抽自己。

在这样尺度的价值波动之下,不管是商家,还是消费者,没有一个不疯的人会真的把比特币当成货币来对待。像人民币、美元这样真正的货币,一年汇率波动也就百分之几,这是一个正常、有效的货币的重要功能,那就是作为一般等价物,给交易双方提供一个可信的价值参考和媒介。而比特币呢,别说一年了,就是一天的价值波动,都经常会超过百分之几十!拿比特币当钱花?借用王朔老师的一个书名吧——"玩的就是心跳"啊您。

除了价值的巨大波动,作为货币,比特币还有一个巨大的缺陷——交易效率太低、成本太高。

先说成本,现在平均用比特币交易一次的成本,大概是 28 美元,接近 200 元人民币。也就是说,如果你想用比特币买碗价格为 20 元的馄饨,对不起,你还得多花 10 倍的钱。为什么呢?哈哈,就是为了花这 20 元钱。

成本还不是最严重的,如果你是王思聪,你说我家有钱,我就任性了,就要花这 200 元买碗标价为 20 元的馄饨,对不起,您得等,按照现在比特币处理交易的速度,从您交钱到吃到馄饨,得等上几天!

这感觉都像是某种苏联老笑话的套路了。

不过,您一星期前花比特币买车还不算最亏,王思聪 200 元买碗面也不算什么大款,2010 年 5 月 22 日,一个码农花 1 万个比特币买了一个比萨,这个比萨在上星期值 2 亿美元。

把比特币当什么都成,就是千万别拿比特币当货币。

二、比特币不是黄金

比特币不是货币,那比特币是所谓的"数字黄金"吗?

作为一个储存价值的媒介,黄金的一大特点就是稳定,一是物理性质稳定,二是价值稳定。几年后,几十年后,这个东西还在,并且价值应该不会有大跌的危险,这是一个提供储值功能的金融工具所必备的特性。

再看看比特币,波动性惊人,就连比特币最狂热的追捧者们心里也在暗暗担心哪天会突然大跌,比特币绝对不能给你提供"金条藏在床垫里"那种安全感。华尔街著名投行摩根士丹利的 CEO 说,比特币有一天突然跌到零,他一点不会吃惊。

中国股民的偶像巴菲特用了同样的句型,他说,十几年后,比特币不复存在,他一点不会吃惊。

这还不是比特币不像黄金最根本、最要命的原因。

黄金保值的一个基础是,这个元素在自然中是一种相对稀缺、有限的东西,而比特币在本身的设计中也试图模仿这一点,设了个总数不超过 2100 万个的上限。比特币倒是稀缺了,但是一个致命的问题就是,这个稀缺是纯人为造成的,比特币这一种数码货币稀缺,不等于同样是基于区块链技术的整个数码货币都稀缺。

比如,之前这个领域的另一个大新闻就是"比特币现金"的推出。注意,"比特币现金"不是比特币,而是比特币的竞争对手,在前面咱们提到的交易成本、交易效率上,"比特币现金"比比特币有很大的提高。

打个比方啊。你是一家手机公司,为了能卖高价,你故意限制出货量,想玩"稀缺"这个游戏。如果市场上只有你一家手机公司,那好办,可如果还有别的人也造手机,而且有人比你造得好,那你这个稀缺就是自己逗自己玩了。

事实是,在比特币现金开始交易的一小时里,比特币的价格就狂跌了2000美元!

黄金稀缺,比特币这类东西一点也不稀缺。

如果你站得高一点、看得远一点,看看各种高科技玩意儿的发展历史,你会发现,押注在某个新技术的第一个产品上,往往是错误的。Yahoo(雅虎)、Mosaic(网页浏览器)、Netscape(网易)、ICQ(即时通信)什么的,都去哪里了?

如果想押注区块链或者数码货币这种技术,那我不拦着你。但是,如果你想把钱都砸在比特币上,那我劝你还是留神吧。

三、比特币并不安全

前段时间发生的事还真多。

就在这个星期,韩国一个比特币交易所因为被盗而倒闭了。你以为你的"比特币钱包"安全?别逗了,这事已经不是第一回了,比特币被盗简直就是家常便饭。连专业交易所这样的机构都防不胜防,更别说你了。存在自己的电脑上就安全了?你跟倾家荡产之间就隔了一个硬盘故障。就算你的比特币一直没丢,但你千万也别忘了密码,不少几年前买了比特币的人,这一段时间正在抓狂,比特币还在,可是密码说什么也想不起来了。

两星期前,《生活大爆炸》中的一集讲了一个类似的故事。Leonard(莱纳德)、Howard(霍华德)、Raj(拉杰什)多年前用一台笔记本电脑挖出过一个比特币,整整一集,他们就在找这个比特币去哪里了,找来找去,最后还是没找到。

四、比特币是什么?

比特币既不是货币,也不是黄金,那比特币是什么呢?

哈哈,还是这个星期,《华尔街日报》问了53位经济学家,其中51位给出了相同的答案:比特币是典型的投机泡沫。

这也是一个挺有趣的现象,你问懂金融、懂经济、懂技术的人,大部分人会告诉你比特币是一个投机泡沫。你再看看那些狂热地鼓吹比特币的人,几乎都是对金融、经济一窍不通的人,他们其实根本就没弄明白比特币到底是怎么回事。不过,这不重要,对于这些人来说,比特币价格的疯涨本身就足够了,他们觉得这就是比特币牛,并且一直会涨下去的理由。上升成为上升的理由,这简直就是投机泡沫的定义啊。

对比比特币和人类历史上一些著名的投机泡沫,那张图很惊人,在比特币的疯狂面前,什么荷兰郁金香啊,日本房地产啊之类的泡沫,简直就是小巫见大巫。

当广场舞大妈都在像煞有介事地把区块链、比特币挂在嘴上的时候,你知道收割的季节就要到了。

全怪文艺复兴

Q 炒股真的是一个大坑,信用卡套现一大堆,辛辛苦苦都给庄家作嫁衣了。有其他的经验教训可以分享的吗?

我先问你个问题吧:你知道什么行业最赚钱吗?互联网?错!房地产?错!知识付费、网红直播?大错特错!世界上最赚钱的行业,不管是哪里,不管是过去,还是现在,一直是:金融。

我再问你个问题吧:你知道金融业里什么领域最赚钱吗?投行?错!保险?错!高利贷?错!卖理财的?大错特错!金融业里

最赚钱的领域就是：对冲基金。

这就是不能轻易"炒股"的根本原因。为什么呢？我还是给你讲个故事吧。

我这人一贯不爱参加同学聚会。几个星期前，一个当年的校花来上海，我出于"灵长"目的，好奇去参加了一个大学同年级的同学聚会，结果跟我想的基本一样，我跟这些人寒暄了一会儿，实在不知道再说什么，合影之后，找了个借口先溜了。

老同学聚会这种活动不在场的，通常有两种人：一种是混得差的，一种是混得好的。而我显然是属于前一种。

我想讲的是几年前的另一次同学聚会，那次聚会规模很小，就是我们物理系当时在纽约的几个男生，混得好的和混得差的居然都到场了。

混得最差的，毫无悬念，当然还是我。

混得好的一个叫周宏，我大学同宿舍的室友。他原先在雷曼兄弟上班，就是那个触发了2008年美国金融危机的雷曼兄弟。雷曼兄弟倒了以后，周宏去了巴克莱，做金融矿工。另一个混得好的叫徐鹰，高盛的董事总经理，年收入早就是七位数——美元，而且第一位数字绝不是一。

听着很牛吧？但是，他们二位都不能跟在场的另一位比。

另一位叫邹刚。用徐鹰的话说，他的收入"还不到邹刚的零头"。邹刚在一个叫"文艺复兴科技"的公司上班，他的头衔好像是研究员。

说说文艺复兴科技吧,这家公司的创办人西蒙斯原先是个数学家,后来开始炒股,早在 2005 年一年,他就挣了十五亿美元。到现在,这家公司也就两百多人,去年一年,平均每人挣了两亿多美元,这还是包括了秘书、打杂的所有人在内的平均数。

更牛的是,他们最主要的一个基金,现在根本就不接受外来资金,全都是自己人的钱。也就是说,你想投资买个"理财产品"什么的,人家根本就不带你玩,这已经成了一个文艺复兴科技雇员私有的投资俱乐部。

那什么人才能有幸加入这个"发财俱乐部"呢?网上很多介绍文艺复兴科技的文章说,你必须是世界名校的物理、数学博士——他们太小看这个俱乐部了,名校的物理博士、数学博士一撮一簸箕,有几个能进文艺复兴科技呢?我们大学同学里,后来也不乏名校博士,但是也只有邹刚一个人混了进去,因为邹刚是物理奥赛金奖获得者。

这么说吧,这就是一帮世界各国的物理、数学奥赛金奖得主的俱乐部,这帮智商超群的人每天上班聚在一起干的就一件事——炒股。注意:不是投资,而是炒股,短线的、无立场的、纯粹为了每天挣点钱的炒股。

听着耳熟吧?

"短线交易"是一个零和游戏,你有没有想过,他们那几百亿美元都是从哪里挣的呢?一边是一帮智商超群的人,每天花全部的精力在研究(此外,还有一帮顶尖程序员和大量顶尖的计算资源的支持)。一边是你,上班趁着老板不注意,打开一个交易软件,盯着几条弱智红绿曲线瞎琢磨,你觉得亏钱的会是谁呢?

更可怕的是,像文艺复兴科技这样的量化对冲基金,远远不止一家,纽约有很多,上海也有很多。就算没得过奥赛金奖吧,那些在股市上跟你交手的物理、数学博士还是比你牛。

故事讲完了。

回到我一开始说的,一个最挣钱的行业一定会吸引最聪明、最优秀的人。所以,越是这样的领域,你一个业余选手挣到钱的机会就越渺茫。

最后,万一你也是奥赛金奖获得者呢?对不起,你来晚了,文艺复兴科技好像已经不招人了。

还是听褚老师的:放弃幻想,轻装前进吧。

高考报志愿算法

Q 当年填报志愿浑浑噩噩无从下手,父母朋友也不能给出有效建议,最终只能稀里糊涂选个专业和学校。时至今日,身边亲戚家的小孩也面临同样的问题——如何选学校和专业呢?

人一辈子有很多四年,但是很少有哪个四年对你一生的影响能超过大学这四年。

从18岁到22岁的这几年,是一个人真正成年的过程,很多人会在这段时间里认识一生的朋友,谈第一次真正的恋爱,第一次离开父母、自己生活，第一次醉酒、第一次挣钱……所以，填志愿这件事的重要性，要远远超出学什么、将来做什么工作这个有限的目标。

而且吧，大学填报志愿比你找一个合适的对象求婚还需要谨慎，结婚了还可以离婚，你选错了大学基本没办法后悔，而且这个标签会跟你一辈子。

好吧，不吓唬你们了。

填志愿的优化问题可以被分解成三个维度来考虑：

一、学校的"好坏"；

二、学校所在的城市的"好坏"；

三、学科的"好坏"。

给定任何一个学生的高考成绩，这三个维度的优化往往是存在矛盾的。比如，你的成绩可以让你在一所名校上一个冷门的烂专业，或者在一个差一些的学校上一个热门、抢手的专业。再比如，两所学校让你挑，A校排名好，但是在三线城市，B校排名靠后，但是在一线城市，你该怎么选呢？

从数学上讲，这个优化问题看起来不是一个简单的凹问题。而且，你优化的目标是什么呢？是未来的总收入？是你找到如意伴侣的概率？是你父母的幸福指数？更糟糕的是，如果你把高考成绩这个变量加进来，那这个问题就更复杂了。对于不同的成绩，相对应的优化的函数和最优解是完全不同的。

所以，应该这么说，具体问题具体分析，在不知道这个孩子具体情况的时候,就没办法回答这个问题了?

哈哈,褚老师不是那样的人。

让我给你两个简单、粗暴,但绝对有益的建议吧。

第一,学校的好坏比学科的好坏重要。

这是最重要的一点。这个问题如果你问别人,那么很多人会告诉你相反的答案,说考虑到就业,热门专业比学校重要。

他们彻底弄错了。

给你讲三个案例吧。

第一个案例是大家熟悉的瓦西里老师,他是北京大学国际政治系毕业的。说实话,我一直不是特别清楚国政系是学什么的,毕业都能去哪些公司工作。

可能你不知道,瓦西里老师多年前就是一家国际著名广告公司中国创意总监,后来成立了自己的公司,是一个非常成功的广告业牛人。这一切都跟他大学的专业无关,但是跟他大学时代的经历、朋友、环境有不可分割的关系。

这么说吧,如果当年瓦西里老师选择去一个二流学校学颇为时髦的广告专业,那他现在说不定还在什么写字楼里辛勤地思考文案呢。

第二个案例是我前妻,她也是北大的,但是学的专业比二老师的还冷门——乌尔都语。这个专业估计很多朋友都没听说过吧?乌尔都语是巴基斯坦话，发音类似于印地语，但是文字使用阿拉伯语，属于北大东语系里的小语种。

小到什么程度呢？北大这个专业，每四年招生一次，每次就几个人，几乎都是想上北大，但分数又不够任何其他系的考生。

这个专业实在太没需求了，你说到底需要多少人研究乌尔都语言文学呢？据我前妻说，他们毕业的标准去向只有几个，不是《中国画报》《中国建设》这类媒体，就是社科院单位。

这么说，学了这么个没用的专业，这辈子就完了？

我前妻后来先是去了摩托罗拉工作，再后来又去芝加哥大学读了MBA，现在在加州一家做互联网广告交易平台的公司混得不错。

这一切都跟乌尔都语无关，但是我想，跟北大的品牌和经历有关。说句厚脸皮的话吧，要不是上了北大，她也不会认识我啊，哈哈。

第三个案例是我在纽约认识的一个朋友，北外学英语的，叫潘岳峰。我认识潘岳峰的时候，他已经是德意志银行纽约交易部门掌管汇率交易的负责人了，管一堆转行做金融的博士，收入大概是我的五到十倍。

有一次，我们一帮人一起去滑雪，我和潘岳峰坐在那种只能坐两个人的缆车上，我说我发现你们北外很多人都混得不错啊。

潘岳峰给了一个解释，他说是啊，你们学计算机的，毕业很好找工作，然后就一直干呗，我们学英语的，无一技之长，出了国，被迫转行,结果纷纷转行做金融了,到现在反倒混得还行。

我觉得潘岳峰说得特别对,一个人在本科就早早计划好了将来干什么,未必是件好事,太功利、太算计,反倒会让你失去更好的可能性。更好的策略是在一所优秀的大学学好英语、数学之类的基础,然后等毕业的时候,决定研究生去学什么跟职业有关的技能。

写得有点长了,简单说说第二条建议吧。

第二,学校所在城市很重要。

简单地说,就是选择到有活力、机会多的城市去上大学。

我一个朋友原来在四大(会计、审计)之一的纽约办公室工作,他本人是宾夕法尼亚州立大学毕业的,那所学校会计专业很不错,但是在一个偏远的山沟里。

他进入四大以后发现,纽约办公室里居然大部分人的大学名气都不如他,但是,很多都是纽约本地的学校。你瞧,他的那些同事只是因为在纽约上了大学,就占据了足以弥补学校差距的就业优势。

当然了,有活力的大城市给你提供的不只是更多的实习、就业机会,人、环境、经历这些对于你会产生更长远的影响因素也许更加重要。在一个小地方上大学,你除了在校园里闷着无处可去,说不定还会养成打游戏的恶习,而在北京混四年,你不知道你会碰到什么有趣的牛人。

好吧,最后的算法是这样的:

第一步,不考虑专业,按照你的高考成绩,把能上的学校按照从

好到坏排序。找出排在前面的 N 个 "985 工程" 学校，如果 N = 0，那么建议重考或放弃高考。

第二步，从第一所大学开始，看大学所在城市。如果这所大学是 "中国科技大学"，那么跳到第三步。如果所在城市是一线城市，那么报这所大学，跳到第三步。如果不是，那么接着看下一所。如果到最后还没有出现一线城市，那么建议重考或者放弃高考。

第三步，在已选定的学校里，把所有专业按照 "录取分高低" 排序，找出自己考分能上的最高选项。

被辜负的感觉

Q 被辜负是怎样的感觉?

长乐路上有个疯子。

这疯子是个女的,单从外貌来看很难判断她的年龄,从 30 岁到 50 岁这个区间都有可能。你说她 30 岁出头吧,但她皮肤上的细小皱纹明显多于正常的 30 多岁的上海女性,更接近快 50 岁的人。但是你说她 50 岁吧,身材又很纤瘦、匀称,毫无中年女人常见的油腻。

她的打扮就更令人困惑了。常年梳两根麻花辫,穿格子衬衫、宽松款的长裤，脚上是 NB 球鞋，如果不是她头发和身上总粘着一些脏东西，手里经常拎一个捡破烂的编织袋，你猛一看会觉得这就是一个老文青，类似于素颜版的梁晓慧。

她最经常出现的地方是我家附近一个超市的门口，准确地说，是那个超市门口的台阶上，傍晚下班经过那个超市的时候，她总是坐在那儿。那个超市在上海老城区两条并不宽的街道的交叉口，她每天就坐在那个台阶上看过往的车辆和行人。

我六年前刚到上海的时候她就坐在那儿，六年过去了，她还在原地。

我是个特害怕变化的人，这六年里，很多陌生的东西先是慢慢成了熟悉的东西，然后又从我生活中消失。

一家常去的寿喜烧店去年忽然关了，那个总是腼腆而友好地试图跟我攀谈，曾经在我一个人过春节的时候祝我"电脑店生意兴隆"的、工作服上的名字叫"春"的河南大叔现在也不知道还在不在上海。我想如果再见到他，我应该告诉他，我说我是"卖电脑的"只是一句调侃。

刚来上海的第一个中秋节，那天下班已经很晚了，我去进贤路上一家常去的小酒吧吃饭。酒吧还开着，可是厨师已经下班了。吧台一个叫小秦的美女先是给了我一碟花生，后来又跑到厨房做了一碗她家乡的酸辣粉给我。那个酒吧几个月前也关门了，可是那个中秋节我一直记得。

我楼下对门的邻居原来是个叫查尔斯的美国老头，六七十岁了吧？我们做了好几年邻居，好像只说过五六次话。他总是把自己关在屋子里，进出也好像有意避免碰到我这个邻居。有时候听到他开门，可是我出去的时候他又没了人影。

我们最经常的交流方式是"通信"——他经常会在我的门上贴条子，一张正常大小的信纸，上面是手写的英文。内容的中心思想几乎都是一样的——我女朋友早上出门关门重了把他吵醒了，或者是昨晚音乐声大了他睡不着。

从字条积累的数量可以看出，他三番五次地提意见并没有彻底起到作用。我还是经常让他睡不着或者把他吵醒。有一封信比平时的长，我现在还有印象，他说他已经70多岁了，人生就剩下上海这一点点平静和安宁，希望我能理解。

他说的"上海这一点点平静和安宁"，还真是只有一点点。没进过上海老弄堂房的人可能不容易想象，每两层房子之间，朝北的方向会有一间小屋，叫亭子间。我家的厨房就是亭子间改的，而查尔斯就住在我家厨房正楼下的那个亭子间里。

卧室加厕所，一共也就10平方米的空间。

我刚搬进来的时候听一楼的邻居赵老先生说过，这个查尔斯当时在这儿已经住了快10年了，曾经还娶过一个湖南的老婆，结婚不久湖南女青年就回老家了，后来很少出现。

反正我跟查尔斯做邻居这几年，他传说中的那个湖南妻子从未露过面。

查尔斯并不是个穷人，从他的谈吐能看出是个挺有文化、年轻时应该在职场上混得还不错的人。

到了冬天他嫌上海冷，还会去新西兰待两个月。记得有一次无聊看一本 *Time Out Shanghai* 的杂志，里面一篇文章煽情地写道：每个来上海的人都是在逃离过去的什么东西。

我不清楚查尔斯到底是在逃离什么，但是我一直觉得这句话说得挺对的，至少在我身上是这样。我还记得查尔斯那封长信的最后说，有空他要请我的女朋友去吃一家叫"辉×"的火锅。

他应该不知道我一直特烦这家火锅，而且我讨厌这家火锅的原因可能就更难跟他解释清楚了——这家店的拼音招牌上写的居然是："Faigo"，看着就让人生气。

不管怎么说，查尔斯从一直隐居到主动要请客，这件事让我们还是兴奋了一下，准备好好八卦一下湖南女青年去哪儿了，以及他到底在美国受过什么刺激。

但是，这次聚餐最终没有实现。

一是我和当时的女朋友后来分手了，她自己回了美国。二是查尔斯忽然搬走了。

弄堂北侧门外，一个新泽西来的美国女人开了一家网红小吃店，生意很火，但问题是那家小店也是弄堂老房子改的，根本就没有合格的排风设备，弄得亭子间一侧的弄堂里从早到晚都是油烟。

一天早上我出门上班，一下楼，看见查尔斯的房门一反常态地大开着，里面有几个纸箱，像是要搬家。

查尔斯说:"我最近咳嗽得太厉害,要去新西兰住一段时间。"

以往他去新西兰过冬从来没搬过东西,这次感觉好像不一样。我说:"还回来吗?"他说:"不一定,看身体情况,房东说房子会给我留一段时间。"我忽然有点舍不得,好像有些一直该说但还没说的话,犹豫了一下,我说:"要不加个微信吧?"

回家的时候查尔斯已经走了,门半掩着,里面全空了。

那是2016年夏天的事了。2016年年底分答搞了个活动,问每个人有没有想在年底跟他/她说声对不起的人。我想起了查尔斯。翻他的微信朋友圈,他离开上海真的去了新西兰,最后一条停留在那年9月,他住在新西兰一家医院里。

几星期前我大扫除,整理书架、柜子,零散地翻出很多张查尔斯前几年贴在我家门上的信。归置一下放到了一个牛皮纸盒里,居然有不薄的一摞。

接着说长乐路的疯子。

我想说的是,六年了,很多熟悉的东西都不在了,但是她还在原地——这对我这么个怀旧病晚期患者来说,简直就是一种安慰。

对于长乐路的疯子我一无所知,就连查尔斯这个老外,我至少还知道他叫什么,从哪儿来,到哪儿去了,可是对于她,我一无所知。

唯一知道的信息是她应该是本地人,我见过她很多次从附近一个弄堂里进出,我想她应该就住在那里,除非是家里的老房子,不然一个无业的疯子应该没能力在那儿租房。

我跟她没说过话,虽然是抬头不见低头见,但我不确定她认识我。她每天坐在台阶上看着路人笑,看见我的时候也笑过,但我老觉得那好像是一种嘲笑。

每个来上海的人都是在逃离过去的什么东西。
你说,像她这么个上海人要是想逃离又能去哪里呢?

买房的隐性成本

Q 买房会增加跳槽成本,很多人觉得买房的风险和压力都大,可现在周围不想买房的人,都面临着小孩需要户口上好学校的问题,那么谈谈买房为孩子上学这件事吧。

没错,买房绝对会增加跳槽成本。更糟糕的是,不仅会影响你找更好的工作,以把自己的市场价值最大化,还会影响你在现在的公司涨工资。如果有两个表现一样的员工,一个没买房,一个刚买了房,那么你觉得老板会更多地给哪个人涨工资呢?

那个买房的,因为他经济压力大?错!

一个人的工资基本等于他的市场价值减去他的跳槽成本。任何一个合格的管理者都会给那个还没买房的人涨更多的工资。当然了,这种事别人通常不会告诉你,除了褚老师。至于买房为孩子上学,褚老师给你们两个具体的、有数据支撑的、可执行的建议吧。

第一,学区的重要性被严重高估了。Freakonomics(《魔鬼经济学》)讲过一个很有说服力的案例,波士顿市政府为了让穷人区的小孩能得到平等的教育资源,弄了一个把穷人区的小孩送到富人区上学的计划,问题是申请的家庭太多,最后只能抽签决定谁家孩子能去、谁家孩子不能去,这在不经意间制造了一个几乎完美的随机实验。

在评估这项计划成果的时候,统计数字发现,那些抽签抽中去了好学区的黑人孩子,虽然比不了好学区的孩子,但的确比他们原来学区的孩子的成绩要好。这么说,好学区起作用了?

等等。

统计还发现,那些家里提出申请,但没抽中去富人区上学的孩子的成绩,比本学区的平均成绩还高出一截,跟抽中了去好学校的孩子没有差别!由此可见,家庭对孩子的教育是最重要的,远比学校重要得多。

第二,学区房这么贵,花冤枉钱买房,还不如交钱上国际学校呢。

当然了,最大的可能是,孩子上学只不过是有些人为说服自己买房找的一个借口。这些人在这方面的本事大着呢!

蓝领的未来

Q 如果高考成绩只够一本线，大学想学技能技术，那么哪些专业让00后将来作为蓝领就业前景较好？

一

这个问题里最显眼的词就是"蓝领"，那就重点说说蓝领吧。

"蓝领"这个词来源于美国，最经典的定义是：从事非农业体力劳动的工人阶级。通常包括制造业工人、矿工、清洁工、石油工人、建筑工人、机器维护维修、仓库工人、救火队员、安装工人等，这些人主要从事以动手为主的工作。

蓝领工作的一个显著特点就是，工作不是在办公室里完成的。相比之下，大家常说的"白领"则指的是在办公室工作的工人阶级。

小测验：范冰冰是白领，还是蓝领？

想象一下范冰冰的主要工作啊，演戏基本上可以说是一种手艺，而且不是在办公室里完成的。这么说，她是蓝领了？不是，你说范老师是个跟石油工人一类的体力劳动者显然不准确。那么她是个白领了？也不是，你说范冰冰老师是个跟秘书、程序员、大学教授一类的小白领也不准确。那她到底该怎么归类呢？

哈哈，除了蓝领、白领，还有一类叫"粉领"。

演员、售货员、运动员、服务员等娱乐、服务业从业者，现在通常被归为粉领。"粉领"这个词本身没有任何贬义，我的偶像张嘉译老师，严格地说，也是个粉领。不仅如此，越是发达的社会，从事服务性行业的人也就越多，而且那些比较光鲜的职业往往都是粉领。

除了按照行业以及工作地点来判断一份工作是蓝领、白领，还是粉领，还有一个判定依据，就是看这项工作在招聘时对学历的要求。通常白领都需要某种大学文凭，粉领太杂，说不清楚，但蓝领工作通常都不需要大学文凭。

所以，看到问题里问"该怎么选大学专业"，把我弄得有点糊涂了。

二

但褚老师永远是有办法、有答案的。

有一个词叫"美国梦",在大多数美国人的脑子里,这个词指的就是一个人只要努力工作,就会过上一座房子、两辆车的美好生活(你瞧,美国人民多朴实)。美国梦在第二次世界大战后的30年里,在美国的确成了一种现实,一个勤劳的美国人,高中毕业后进入通用汽车工厂上班,很快就可以买房买车,人到中年,能够过上一日上班、周末打高尔夫球的所谓"中产阶级"生活。据说美国汽车之都底特律的高尔夫球场密度一度是美国第一,而蓝领工人是消费主力。

那美国蓝领工人的敌人到底是什么呢?请看通用汽车2016年在上海浦东新建的工厂。

这个工厂在中国,没错,这也是总部在底特律的通用汽车最新的工厂,可是,如果这个工厂搬回美国,那么能够给几千名汽车工人提供就业呢?

答案是10。不是10个1000(1万不说1万说10千那我装外宾装得也太入戏了,哈哈),而是10名工人。整个工厂只有10名工人和386个机器人!

抢走他们蓝领工作的不是中国人,而是机器人,是技术的飞速发展。随着技术的发展,市场对于蓝领工人的需求将会面临断崖式缩减,这件事情正在发生,而且会在我们这代人的身上彻底完成。

前段时间,我看到一个让我挺吃惊的说法:lights-out

manufacturing——熄灯制造。在一个全自动的车间里,是不需要开灯的,里面一个人也没有。

所以,我的建议是,可以试着选择白领,或者粉领。

三

如果你说,我就是想做蓝领工作,那你说该选哪行呢?

褚老师永远是有办法的。

去年,我家修空调,价格吓了我一跳,一共花了超过一万美元(约 64000 元人民币)!当然,一部分是机器成本,但很大一部分是人工费。为什么修空调的还能挣钱呢?关键原因有两个:

第一,这项工作不能出口外包,只能由本地工人完成。这样,你就去除了越南、东南亚廉价劳动力对你造成的成本威胁。

第二,这项工作需要面对客户,直接跟客户打交道,有服务业的成分。从这个角度上来看,已经接近粉领的范畴。

具体做什么,你自己想吧,我只能给你提供一种思路。

不过,我还是要劝你,别总是在"蓝领"这个坎上过不去。

我为什么不买房

Q 在深圳工作和生活,和周围人聊天的话题越来越离不开买房。深圳的一个说法就是,只要你有房,那你就是成功人士。现在的房价高不可攀,而且感觉未来只会更离谱,在这样的大环境下,请问,对于一个毕业没几年,已经30岁,但还是很茫然的人来说,应该如何看待这样的现象?努力攒钱买房吗?在买房之外,是否有一种能够让自己心安理得的生活方式呢?

一位叫"童然禹博"的朋友曾在我的文章下面留言说:"**现实里,所有觉得周×波幽默的人,全是无趣的,无一例外。**"

我的第一反应是:说得太对了!但是作为一个"科学工作者",我又习惯性地开始"怀疑与自我怀疑"(在自己的观点里挑漏洞)。我发现,我其实并不能验证这个说法的真伪,尽管从情感上说,我非常愿意同意这个结论,而且我也很希望这个结论是正确的。

但是,我还是不能用我已有的数据去验证这个说法,至少不能立即验证,不能通过一手的数据去验证。

因为我周围没有一个人觉得周×波幽默。

如果我没接触过觉得周×波幽默的人,那我又从何判断他们是有趣,还是无趣呢?所以,我能做的就是假设"童然禹博"的观察和判断是正确的,然后回复他说:"幸好我身边的朋友没一个觉得周×波幽默。"

同理,你说你每次跟同事、朋友吃饭聊天,最后的话题都指向了房价,每个人都能讲出身边好几个幸运儿或是倒霉蛋的故事。而我的朋友们在饭局上极少谈到房价,我想了想,好像还真的说不出什么幸运儿或者倒霉蛋来。

一个原因可能是我的很多朋友一直都是租房。我本人也是,活了40多岁,从北京到伊利诺伊州的尚佩恩,到纽约,再到上海,在好几个城市住过,但是我从来没买过房子。

虽然我一直没买房子，但是这不意味着我对买房有什么原则上的抵触，或者有什么不买房的根本原因。正相反，我相信买房本身是一件很有满足感的事情。我这人很俗，消费总是能够给我带来快感，而且，这种快感是跟花出去的钱数息息相关的。

比如，花3000元吃一顿西餐，就比花30元吃一顿小笼包、生煎包、馄饨什么的快感要强烈，就算那顿西餐其实未必有小笼包、生煎包、馄饨好吃。你瞧，我俗气吧？

如果连花个上千元钱买个没什么实用价值的古董镜头这种消费都能让我盼望、高兴半天，那么花个上千万买套房子这样尺度的消费还不得让我激动坏了？

不开玩笑，我真是这么想的。

除了消费带来的一时快感，拥有一套房子，对于一个雄性动物来说，从本能上，也会是一件很有满足感的事情。西方有些人的说法是：房子是男人最好的玩具。没在西方生活过的同学们可能不知道，有些西方国家，到处都是建材商店，普及程度基本就跟咱们街上的苏宁、国美电器差不多吧。很多人一到周末就往建材商店跑，买回一堆材料，在房子里修这个、改进那个地搞小工程。

我很能想象这种满足感。

比如，上星期我在网上淘了一个古董红木凳子，木头的表面有点粗糙。关注我微博问答的朋友们可能注意到了，我上星期六一个问题也没回答。那天，我花了一整个下午，用了从粗到细到抛光八种规格的砂纸,把整个凳子打磨得很光滑、很"包浆"。你知道我有多满足吗?这几天,我天天把这把凳子放在我的床头,看着就高兴。

你瞧,就连修一个凳子都能让我这么着迷、这么投入、这么不顾一切,我要是有套房子,那估计我就再也不会有任何时间回答问题了。不记得是从哪里看到的了,说上海有个富婆,她的爱好就是把破败的老房子买下来,然后整理、修复,让房子恢复原来的面貌。

哎呀,说得我恨不得现在就去买一套。

但不幸的是,我是一个理智的人。

说了半天,我想说的是,在我生活的不同时期,在我住过的不同城市,我都遇到过具体的、不同的、让我作为一个理智的人不能买房的原因。

小时候在北京,那时候住在家里,根本没有买房的需要。

后来去美国上学,尚佩恩是一个大学城,我从没打算在那里安家,也不想当地主,所以也从没考虑过买房。说实话,学生买房在美国是一件很怪异的事情,我知道的唯一买房的同学是咱们的一个同胞,她爸爸是南京一个小小的处长,但是全款为他女儿买了一套房子,等她毕业的时候又卖了。

当时我们只是对于她的家庭能力很感慨而已,而且考虑美国房价的平稳,以及财产税,买卖房子的律师费、中介费之类的,我们也感慨了一下这位同学对于理财的低能,那笔交易就算考虑省下的房租,也还是个亏本买卖。当然了,省钱、投资可能并不是她在美国买房的初衷。

我第一次面对真正意义上的买房选择，是毕业去纽约工作。我在纽约住了十年，一直没买房的原因有三个。

第一是在居住需求方面，纽约的房价、房租在美国处于高位。也就是说，在考虑买房、租房各方面的成本、收益以后，算下来，租房比买房更合算。这不是一个买得起买不起的问题。事实是，我在纽约很多做金融的朋友都在租房。这只是一个理性计算的结果。

第二是在投资需求方面，房子作为一种投资品，有很多不好的特性，比如流动性差——你不是想卖就随时能出手，比如具有"结块性"——不像你有1万股阿里股票，可以卖掉一部分，而留着剩下的。房子要么全卖，要么不卖，你不能说我把厕所先卖了挣一笔。关于这个话题，以后可以仔细给大家讲。

第三是从事业发展考虑，我之前说过，在人力资源部门眼里，你的工资约等于你的市场价减去你的跳槽成本。买房等于增加自己的跳槽成本，不是说真的会影响你跳到其他城市更好机会的动力，就算在现在的公司里，你涨工资都会因为你买房了，而比没买房的同事不利——领导不傻，一定会把有限的涨工资预算给那些跳槽风险比你大的同事。

至于到了上海为什么不买房？哈哈，只能说我没钱，也没胆子。

你说"在深圳的一个说法就是，只要你有房，那你就是成功人士"。就在刚才，我还看到一个叫"深圳淘房志"的人在微博上说什么"月入1000万元又怎样,你们还是在北京没房"之类的。

  我想说的是,房奴们就别替月入1000万元的人瞎操心了。这就像是要饭的总想着"有钱人一定是顿顿吃饺子"吧。

  有钱人还真不一定顿顿吃饺子。

关于装修

Q 装修的正确方式是什么？

上海有很多可爱、高大上的老房子。

很大一部分已经被拆除，剩下的那部分，本来还好，而这几年先是冒出了一堆搞"包租"的二房东，后来又冒出了一堆搞"民宿"的人，把剩下的房子搞得面目全非，里面不仅脏乱差，能住的也已经所剩无几了。

包租二房东的问题是，他们都喜欢搞所谓"酒店式装修"，品位堪忧，只有那些人才会把自己家装修得像旅馆。这跟他们的成长环境和经历有关，一个小时候没在像样的房子里长大的人，心目中最"高端"的装修可能就是他去新马泰旅游时住过的酒店吧。

想起我在美国上学时的同学刘育慧。有一次，她给我看她家在江苏泰兴新买的房子的照片，我说："哎，怎么看着这么像 KTV 啊？"她说："你不知道，我们老家那里最豪华的地方就是 KTV 了，家家装修都是这风格。"刘育慧老师是个懂得"自嘲是牛人"的人，不过她的确说出了一个真理，那就是：人都会试图按照自己见过的最牛的风格去装饰自己的家。大家都是这样。

酒店式装修可能说明这家的主人觉得酒店是他见过的最好的地方。不过，如果你家已经搞了"酒店式装修"，也别自卑。

上海民宿的问题跟包租二房东不一样，他们倒是不爱"酒店风"，更糟糕的是，他们最喜欢搞什么温馨复古文艺风。复古本身没什么不好，正相反，"过时"往往是一些人的品位，问题是这帮人往往会把"古"的定义弄错，他们会在房间里大改大建，堆砌一堆莫名其妙的所谓复古、文艺元素，网上淘一些所谓的民宿家具，本来好好的房子，被折腾得不伦不类。他们不知道，其实"古"就是这座房子原来的样子，复古其实很简单，就是恢复、维护老房子本来的面貌，那些老房子本来就很高大上，几乎远超所有新建的所谓豪宅。

这帮人对复古的理解绝不是过时，而复古对于他们来说，是一种时髦。感慨发完了，讲一条关于装修的"干货"吧——层高决定一切。

决定一座房子档次最重要的一点就是层高，层高越高，感觉上的档次就越高。如果你不理解，建议你去参观一下曼哈顿第五大道的豪宅。如果去纽约太麻烦，那么还有一个办法，就是参观上海展览中心，就是黄晓明、杨颖办婚礼的那座房子，或者任何一座上海的老洋房，注意一下层高。

这么说吧，决定一座房子是不是豪宅的，不是面积，而是层高。

如果你还没有选定房子，那么我建议你宁可牺牲面积，也要选层高最高的那类。你可以这么想，你拥有的生活空间不是一个平面，而是一个立体的、三维的空间。你会问：如果我已经定下哪座房子了，而层高又改不了，你这不是白说吗？

当然不是白说，很多人装修犯的一个最大的错误就是吊顶。如果你房子本来层高就有限，而吊顶只会让你的房子看起来更差劲。

所以，听褚老师的，忍着别吊顶。

最后，再告诉你一个特别简单有效可执行的小技巧吧：装修的时候，把门高尽量弄高，马上感觉就会大不一样。

一道经典咨询业面试题

Q 如何有效地阻止爸妈盲目投资,上当受骗?

一

想起一道经典的麦肯锡面试题。

大意是这样的:你有没有注意过,在公共场所的卫生间里洗手,一开水龙头,很快就有热水,而在自己家卫生间洗手,往往得等一会儿,水才会变热?

你知道吗,厕所其实是判断一个餐厅档次最好的判定依据。下次你去一家从未去过的餐厅吃饭,建议先去厕所参观一下,如果厕所脏乱黑、没手纸、地上有液体、空气中都是二手烟，那不管用餐区域的装修看起来多么富丽堂皇，这家餐厅的档次还是很差。显然，这是一家客户定位是失败者的餐饮企业。

不仅餐厅是这样，这个道理好像可以延伸、扩展，进而适用于任何场所，我们简直可以总结出一个通用的定理。

定理：一个地方的档次，跟这个地方厕所的文明、舒适程度呈正相关。

不妨称这个定理为"厕所定理"。

套用一下"厕所定理"啊。两个家庭，一家的厕所昏暗潮湿有臭味，另一家的厕所明亮整洁，那么按照厕所定理，第二家人比第一家人上档次。两个城市，一个城市的机场厕所没手纸，另一个城市的机场厕所有手纸，那么按照厕所定理，第二个城市比第一个城市更上档次。

二

好吧，不煽情了，接着说那道麦肯锡面试题。其实，咨询公司面试想考察你的并不是你知不知道"正确答案"。事实是，很多问题本身就是多解，甚至是无解的，没有唯一的所谓"正确答案"，他们想考察的是你的思维方式。

其中，很重要的一点就是看你能不能"结构性"地思考。听到一个问题之后，不是急于给出答案，而是给出一个结构和思路，这个结构必须满足两点要求：第一是它可以帮你把问题清楚地分解成几个部分；第二是这个结构必须全面（能够用到所有的已知信息），而且不能事先排除任何一种可能的合理解决方案。

比如这道面试题吧，如果你一上来就说：是不是因为公厕的热水器功率大？完了，这份工作你肯定得不到。

一个可行的"结构性"思路是这样的，你可以说：

决定水龙头出口水温的有三个环节：

一、热水的生产环节；

二、热水的传输环节；

三、热水的使用环节。

你瞧，一旦有了这个结构，你就可以尽情地忽悠了。比如在"生产"环节，你可以跟面试官讨论家用热水器和专业热水器的差别；在"传输"环节，你可以讨论管道的长度和隔热效果，假装算一算热消耗什么的；在"使用"环节，你可以估算公共场所水龙头的使用率，进而跟家庭使用模式对比……

说着说着，答案是不是就清晰起来了？

注意，还有一个关键是，你不能自说自话，你不仅需要结构化的思路，还需要跟面试官互动，把整个回答的过程变成一场讨论，在这个讨论中，对方会给你提供新的数据，而你需要根据新的已知条件，不断修正自己的思路，直到最后对正确解决方案达成共识。

这个过程其实很接近真正的工作场景——结构化思考，分解问题，与同事协作，提出假设，获得新的数据，修正假设，迭代直到得到合理且被大家认可的解决方案。

不幸的是，这道面试题还真有一个"标准答案"，我就不公布了，您就当是道练习题吧。

三

问题里如何阻止父母上当受骗，我可能分析来分析去，给你们的一个建议是故意让父母在一件小事上受骗，从而吃一堑长一智。但是，有了这个数据之后，这个方案显然已经被证明是不可行了。

所以，咱们还是从头开始，"结构化"地思考一下吧。

决定你父母投资骗局的有三个环节（咦，怎么老是三个，哈哈哈）：一、资金的来源；二、投资的信息渠道；三、投资的研究决策。

作为你的咨询师，一旦有了这个结构，我就可以尽情地忽悠了。比如在"资金的来源"环节，我可以建议你让你父亲管理家里所有的存折和账户密码；比如在"投资的信息渠道"的环节，我可以建议你找出你母亲接触受骗项目的节点——是一个嘘寒问暖的推销帅哥，还是她的某个微信好友，从而试图阻断她和这个节点的联系；比如在"研究决策"的环节，我可以建议你给父母找一些分散精力、特别费时费力、特别上瘾，但无害的活动，比如打麻将、跳广场舞什么的，从而减少他们琢磨"投资"的兴趣、时间和精力……

不幸的是，现在，我只能自说自话，无法跟你讨论从你那里获得新的数据点，从而修正我的思路，然后迭代，达成共识，进而得到最终的解决方案。

　　希望至少我给你提供了一个思路吧。

　　祝你们的父母生活愉快，健康长寿！

年迈的父母总是吵架怎么办

Q 父母都 60 多岁了，总是吵架，双方都有性格上的问题。这种状况每周都会发生。想改变，不知道该怎么办。承认他们的性格差异，置之不理？参与进去调和？都尝试过，却治标不治本。劝他们离婚？

你看过《爱情麻辣烫》吗？

这是我的偶像张扬老师的处女作。《爱情麻辣烫》首映是 1997 年，算起来已经有 20 多年了，但是现在再看，还是一点也不觉得过时，不仅如此，我觉得后来 20 多年的国产爱情题材电影里，没有一部能超越《爱情麻辣烫》的水准。

感受一下时间。20年前,一个叫高圆圆的北京女生平生第一次演电影,当年高圆圆17岁。你们可能会说,你说了半天《爱情麻辣烫》就是为了说高圆圆?

当然不是。是这个问题让我想起了《爱情麻辣烫》里的两个故事。《爱情麻辣烫》从头到尾讲的不是一个故事,而是几个跟爱情有关的相对独立的小故事,从中学生谈恋爱,到老年人征婚,到年轻夫妇的婚姻生活,到中年人的离婚,到都市文艺青年的爱情故事都有,每一个都很感人。那个老年人的故事是这样的——

一个女生为她妈妈征婚,同时请来了好几个对她妈妈感兴趣的老头,一个是文兴宇老师演的退休干部,一个是报社退休编辑,以及一个酷爱跳舞的老头。

一开始,大家有些尴尬,几个老头之间的关系甚至有点紧张,说话总有点互相较劲的感觉,弄得老太太也很别扭。

局面的转折是那个女生拿出了一副麻将。从那一刻开始,好像所有的矛盾、陌生、尴尬一下子都消失了,四个人像老朋友一样,一边搓麻将,一边闲聊,那个场面里有一种让人难以形容的温暖。

你说两个老年人在一起是为了谈恋爱吗?我想不是,无非是想有个伴呗。

还有一个跟你的问题有关的故事,讲的是一个年轻白领的家庭,男的是郭涛扮演的,女的是徐帆扮演的,两人结婚几年来,没什么大矛盾,但也没什么激情,每天就是上班下班、做饭吃饭、看电视,女的嫌男的对她没以前体贴，就知道坐在沙发上看电视，男的嫌女的啰唆，上一天班挺累的，还没事瞎唠叨，为一点小事，两个人就能拌上嘴，然后从拌嘴演化成吵架，再演化成打架。

怎么样，听着熟悉吗？

两个人关系的转折点是，有一天，他们逛街无意之中买了个玩具汽车，结果回家以后玩得特别来劲，原来的无聊和怨气一扫而空。后来两人买了一屋子的玩具，而玩具成了改变他们婚姻的关键，成了开启幸福生活的钥匙。

这两个故事对我们有什么启发呢？

如果父母总是吵架，想改变这种状况，但又不知道该怎么办，你说了好几个选项：

一、承认他们的性格差异，置之不理；

二、参与进去调和；

三、劝他们离婚。

如果你问别人这个问题，最可能得到的答案无非就是其中之一，那些情感专家擅长的是加入大量的鸡汤，让你产生一种好像他们告诉你的答案无比合理。可是当你把鸡汤倒掉（或者喝掉）时，你会发现，这些答案完全无效，没有一个具有可执行性，就像你自己已经发现的那样。但褚老师不是那样的人。褚老师讲了半天故事，是想告诉你一个切实可行的方案，一个词——Distraction。也就是分散注意力，替他们找到一个可以分散注意力的东西。两个人如果无事可做，天天就是柴米油盐，面面相觑，那么看对方不顺眼是很正常的事情。不信你做这样一个实验：盯着一个熟悉的字看一会儿，保证越看越别扭，越看越不顺眼。在你爸妈年轻的时候，工作是帮助他们分散注意力的东西。你小的时候，你就是那个分散注意力的东西。现在，他们老了、退休了，不用上班，也不用看着你做作业、不让你早恋什么的了，一下子没了分散注意力的东西，可不得吵架玩吗？

所以啊，我建议向《爱情麻辣烫》学习，给他们找个玩具，而麻将是个不错的选择。广场舞虽然扰民，但是作为分散老年人注意力的一种方法，也是非常不错的选择。

《爱情麻辣烫》的片头用了李宗盛老师的一句歌词：相爱是容易的，相处是困难的。

对了，那首歌好像叫《你像个孩子似的》，就把你爸妈当成孩子吧，给他们买个玩具。

育儿鸡汤

Q 小孩要想进入本市最好的小学,家长除了以身作则之外,还有没有更好的引导方式?如果家长教育程度不高,那么小孩变得优秀的概率是不是就低一些?

一

孩子的教育这个领域,跟职场啊,情感啊,理财啊什么的领域都差不多,都充斥着大量鸡汤、各种毫无数据支撑的理论,以及大批靠贩卖鸡汤和垃圾理论为生的骗子。

比如说,某成功导师就一直声称,培养成功孩子的秘方是,对孩子要鼓励,不要批评,这样才能建立孩子的自信之类的。基本思路就是，孩子得夸，千万不能批评，伤了自尊自信，万万要不得。

这鸡汤听着挺感人的，但是，有任何实验、数据能支持这个说法吗？你要是问鸡汤贩子这样的问题，比较可能的是，他会讲另一个鸡汤来解释这个鸡汤，也许还会讲出一两个励志的例子。但就是说不出任何像样的统计数据。

"正能量思维"在教育中到底有效无效，美国人还真做过实验。记得是《经济学人》讲过这个研究结果，原始论文懒得查了，你就假设褚老师不会，瞎编故事骗你玩吧。

一个年级的学生被随机分成两组，一组无论作业、考试成绩怎样，老师坚持采取鼓励的策略，只表扬，不批评。美国人其实特爱玩这套，不管考得多烂，老师都说"You're the best！"之类的正能量鸡汤。而另一组则允许批评策略，如果你期中考试考得不好，那么老师会直白地告诉你说"你考得不怎么样啊，再这样下去，期末要挂了"，或者是类似的负面反馈。

跟踪这批孩子几学期之后，你觉得哪组成绩会更好呢？

一个让美国人很吃惊的发现是，那些正能量思维教育出来的孩子，成绩明显比另一组孩子要差，由此造成的影响是长久的，毕业的时候，这两组孩子的毕业率也有明显的不同。

看来所谓的自信并不能让你的孩子更成功，而且你想想，一个班里五十个孩子，到底是那个学习最好的更自信呢，还是那个学习最差的更自信呢？除非你非要坚持装外宾，否则我想答案应该很明显。也就是说，你闹了半天正能量，生怕伤害孩子的自信，而这种行为到头来反倒伤害了孩子的自信。

你发现没有，生活中，那些越是失败的人就越爱把自信啊，自尊什么的挂在嘴上。你千万别让你的孩子沾染上这个 loser 的恶习。

二

接着用事实、用数据说话。

关于家长教育程度跟孩子教育的关系，Freakonomics 讲过一个挺有趣的实验。下面我凭记忆复述一下，如果有不精确或者虚构记忆的地方，请原谅。

芝加哥一个区政府的教育局想提高区内孩子的毕业率、升学率之类的教育指标，他们手头有一笔教育资金，想花在最有效的地方。

经过调查研究、阅读文献，他们发现一个可靠的统计结论：一个家庭拥有的书的数量跟这家孩子的学习成绩呈正相关。

同时，他们又发现，区内很多低收入家庭里很少有书，而这些家庭的孩子的成绩往往不如那些富裕家庭的孩子。于是，他们制订了一个简单、合理、动人的教育计划——给贫困家庭送书！由政府出钱买书送给那些没书的家庭，让所有的孩子都有书看。

这无意中做了一个绝好的实验。所以，被送了书的孩子学习变好了吗？实验结果让人很失望——没有。

也就是说，家里有没有书，并不是导致孩子学习好不好的原因！这其实是个很常见的错误——人总是爱把相关性和因果性搞混。

比如，统计发现，儿童溺水死亡的人数跟冰激凌消费呈正相关。天真的人就会呼吁减少冰激凌消费，甚至禁售冰激凌——救救孩子！问题就是，冰激凌销量与儿童溺水死亡的相关性完全不能说明冰激凌导致溺水，这两件事其实都是另外一个因素导致的，那就是夏天！上面送书计划的失败，也是犯了同样的错误，家里书多跟学习好相关，并不能说明书多导致学习好，有一个"夏天"式的原因才是问题的根本。那这里的"夏天"是什么呢？

一个合理的解释是，不是书有多少，而是孩子有没有养成读书的习惯，如果你送了书，却没人看，那不等于白送了吗？这个猜测听起来相当合理，但是有数据可以检验吗？居然有！

芝加哥这个区教育局办事简直太认真了，他们不仅记录了给谁送了几本书，还记录了孩子们花在看书上的时间，包括那些没被送书的孩子。结果很惊人。学习成绩不仅跟送没送书无关，跟花了多少时间看书也无关。也就是说，一个被送了书的孩子，就算认真把书全看了，他的成绩也许还是不会提高！如果你出生在一个父母高学历，而且家里书多的家庭，那么就算家里的书你一本没读过，你的学习成绩也许依然会好。

在从统计学上排除了一系列可能性之后，作者发现，在这个问题里，"夏天"最合理的对应是：父母的教育水平。

父母学历高的家里书多，父母学历高的孩子学习好。除去父母学历的因素，其他的都是噪声。送书、看书都不能改变父母的学历，那么，唯一可做的就是要努力让孩子养成读书的习惯。

地球末日生存秘诀

Q 如果地球将在未来20年内毁灭，那么该如何规划未来20年的人生呢？三观会颠覆吗？人生会因此顿悟，抛开所有成见和偏见，广交各界朋友，网罗各大领域高智商人才，有机会超过马云吗？

一

霍金经常提起"人类灭亡"这个话题。比如2016年，他在牛津大学辩论社一次演讲上说："人类在未来的一千年里，如果不离开地球，就会灭亡。"

注意，他探讨的不是太阳的命运，也不是地球的命运，而是人类作为一种物种的命运。这两者之间有很大的不同，上海会不会灭亡，跟你会不会死，是两个完全不同的问题。

人类的命运是霍金很关心的一个话题，他经常在不同场合、不同媒体上发言。他的中心思想是：人类科技的高速发展，使得全人类灭亡性事件发生的概率不断增加。他提到过的主要危险包括突发核战争、生物工程制造的超级病毒、人工智能的指数发展。

在人类灭亡这件事上，我跟霍金老师的观点几乎完全吻合，只不过我的预测比他的更悲观，我相信，人类灭亡的时间尺度不是1000年，而是100年，甚至更短。

理由是什么呢？

还真巧，今天早上一起床就被谷歌 Deep Mind 团队发表在 Nature（《自然》）上的关于 AlphaGo Zero（阿尔法零）的论文刷屏了，如果你还没听说这个新闻，可以简单地告诉你，就是最新一代的围棋机器人，可以完全不用学习人类的棋谱，从对围棋一窍不通开始，花了三天时间，自己跟自己对抗，就已经超过了人类上千年的积累，水平不仅超过了现在任何一个人类围棋高手，就连几个月前打败了人类围棋第一人柯洁的上一代机器人也完全不是新款机器人的对手。

这一切只花了三天时间，一切都在加速发生。

要想预测人类的命运，其实都用不着去推测某一项具体技术的发展速度，有一个更宏观、更简洁的理论体系可以搬过来应用——

控制论。

控制论里有个基本概念是稳定性。这个稳定性不是闹着玩的,比如一架飞机这么个系统吧,如果失去了稳定性,那就意味着失控,然后坠毁。

经典控制论的一个结论是:某个系统的稳定性,跟这个系统的"增益"有关,增益越大,就越不容易稳定。比如说啊,你给一辆汽车装上一台上万公斤推力的喷气发动机,那么撞车的可能性就增加了。

那人类文明这个系统的增益是什么呢?

先给你举个例子吧,假定你生活在5万年前的石器时代,你们山洞里有一个傻子想跟大家玩命,于是他拿了块石头打人,估计没打死一两个,他就被制服了。就算他是武林高手,顶多也就把你们山洞里的人全砸死。

时间推进4.8万年,假定你生活在2000年前,你们村里有个人想跟大家玩命,于是他拿了把刀砍人,估计没砍死几个,他也被制服了。就算他是个武林高手,顶多也就灭个门,或者多打死几个邻居吧。

时间再推进1000多年,一个人的作用还是没有实质性的变化,直到人类开始使用火药。

火药使得傻子的破坏力得到了质的改变,因为傻子可以用枪打死远处的人,一个傻子可以用炸药一次炸死一批人。从本质上说,这个质变产生的根本原因是人类学会了有效地释放火药里的化学能。

对新能源的掌握，从本质上提高了人类这个系统里的总增益。

再推进到80年前，人类有了火药、石油、电和机器——希特勒一个疯子就导致了上千万人的死亡。

要是他晚生20年，那可就大不一样了，那时候，人类不仅已经拥有了足以毁灭全世界的核武器，还有了可以投放到世界任何地方的导弹（学会释放原子，能使得人类系统的增益再次获得质变）。

那是半个多世纪以前的事了。

当然了，因为国际上对核原料的控制，暂时还没有人大张旗鼓地搞这个，不过，这个平衡相当脆弱，依赖于整个世界的稳定。

就算现在还没有，但50年后呢？

好吧，说得有点远了。

我想说的是，人类社会的增益，可以用人类释放的能量总和来衡量。如果你把人类掌握总能量的大小画在一个时间轴上，那么你会发现这是一个呈指数增长的曲线，前几万年几乎没什么变化，后来忽然开始迅速上升，推演下去，50年后的数字将是非常惊人的。

那样尺度的增益，有个风吹草动，这个系统就会瞬间崩溃。

除非……

除非超越地球这个封闭系统。放到太阳系这个尺度，人类掌握的这点能量立刻又不算什么了。这就像希特勒可以摧毁半个欧洲，可是你跑到澳大利亚，他就拿你一点办法都没有。就算当年欧洲损失惨重，但西方文明还是可以得到保存。

这也是霍金老师一直在呼吁的。

不止他一个人这么想,我的偶像 Elon Musk(埃隆·马斯克)已经开始着手做了。

二

问:如果你知道世界 20 年后会毁灭,那么你应该做什么?

刚才说得太长了,简单回答一下吧。

先说说你不该做什么。

第一,如果你知道世界 20 年后会毁灭,那么你为什么还闹着要当马云呢?

第二,你当不了马云,这不是什么"顿悟"或者"广交各界朋友"的问题。

第三,让马云重来一次,他也当不了马云。

再说说你可以做什么。

第一,假设你不想在世界毁灭之前死。

第二,如果连你都知道世界 20 年后将要毁灭,那么相信这应该不是什么秘密,所有地球人都已经知道了。这意味着——大乱!

第三,大乱时,你最优的生存策略是什么呢?

首先,你不需要囤积粮食之类的生活物资,而房产就更没用了。你的房子、你的粮食、你的一切,别人都可以来抢。同理,你也可以去抢别人的。

所以,你需要的是武器。

但是光有武器本身是不够的,你需要同伙,强大的、足够多的同伙,这样,你在跟别的武装团伙争夺生存物资和空间的时候,才更有生存下来的可能。

你说躲到深山老林里去呢?

这也是个办法,直到你被某个武装黑帮找到。

最后,还是引用我的偶像 When Harry Met Sally(《当哈利遇到莎莉》)编剧 Nora Ephron(诺拉·艾芙隆)老师的话吧。

她生前一次接受采访,那时候,她已经被诊断出患有癌症,她说,好莱坞电影有一个常见套路是,某某被医生告知还能活一年,然后这人忽然大彻大悟,开始梦想之旅什么的。但事实正相反,当死亡悬在头上的时候,你根本不会有这样的闲情逸致,你不想吃、不想玩,一切都没了意义。

〈第六章〉

寻找自我
——我们需要『嘲讽』自己

不断、不舍、不离

Q 有什么不论搬家到哪里都不会扔的东西吗？有人说提高生活品质的方式之一就是定期扔东西，您觉得这种说法对不对？

一

以前在牛博网的时候，我用的网名是：nostalgia。

你要是去查字典，nostalgia 的中文翻译应该是怀旧、思乡的意思。但我总觉得这个翻译并不是很准确，好像总有那么一层意思没说出来。

可能是我语文没学好吧,那种感觉我很难用一个中文词说清楚。如果非让我描述,应该就是一种舍不得,那种想拼命留住你生命中一些珍贵的东西,可又怎么都留不住的无能为力的感觉吧。

也可能就是我英文不好,人家本来没这么复杂的意思,是我想多了。

不管怎么说,罗大佑老师语文比我好,他的《将进酒》里的一句歌词说出了我想表达的意思,而且相当简洁直白,他说:我未曾珍惜的,我不再拥有。

后来,我一直用这句歌词当作签名档。

二

我最喜欢的中文电影是张扬老师拍的《洗澡》,讲的是一个北京胡同里的澡堂子被拆掉的故事。

我第一次看这部电影的时候,还在美国上学,记得是跟一个叫许东彦的同学在家看的盗版碟。电影的情节并不曲折,贯穿始终的一串场景是:每天一早澡堂子开门,老客人陆陆续续地来,店员翻服务项目的木牌子,一天过去,关门、打扫、下班。这一串场景一次次地重复,而人物、故事就在这个几乎仪式化的背景里慢慢清晰起来。

在不知不觉中,你成了那种生活里的一部分,那些人物变成了你的老熟人,那个澡堂子变成了你的老地方。所以,当这一切忽然被夺走的时候,你心里会忽然一空。

电影的高潮是一天晚上，开澡堂的父子三人在家里看电视，电视里在播央视的《动物世界》，画面是非洲草原上的屎壳郎，赵忠祥老师用很动情的声音解说草原的雨季、老屎壳郎的死去，还有小屎壳郎的将来。

我记得那天我很努力地忍着，没让许东彦看到我的眼泪。后来等他走了，我又把电影从头到尾看了一遍，一个人在电脑前面彻底地、毫无保留地泪崩了。

《洗澡》当时在美国上映，学校的英文报纸登了一篇影评，一个美国人写的。他说，虽然这是一个发生在遥远的北京的故事，但是他一直忍不住地想念他小时候伊利诺伊州一个小镇上的一个游戏场，后来，这个游戏场被埋了，在原地盖了楼房。他说，对于他来说，那不只是一块地方，更是他从小跟哥哥、父亲在一起的背景，是一件充满了回忆的东西。

三

我讨厌那些一分手就撕照片，就彻底断绝关系的恋人。

分答上，苏同学问我："前男友发微信，说他明天到北京出差，想见一面。我觉得会尴尬，有点犹豫。不知道褚老师怎么处理分手后的前女友，怎么见面才能不尴尬呢？"

我是这么回答的——

"在我家客厅里有一张我特别喜欢的照片，照片里我爸我妈在跳舞。"

那是在我前妻的婚礼上拍的。不是我和我前妻的婚礼,而是我们两个离婚以后,我前妻再次结婚的婚礼。

照片是黄昏时分在加州一个葡萄园的院子里拍的,我前妻还露了半张脸。

那一瞬间,真的很美好。

很多人说"一日夫妻百日恩"。我觉得这句话不仅适用于夫妻,也适用于恋人。你想啊,跟普通的同事、朋友相比,一个曾经跟你相爱过、特别熟悉的人,难道不是更应该被珍惜、更应该保持联系的吗?

所以,如果我是你,我会马上答应去跟他见面。

而且在去见面的路上,我建议你戴上耳机,循环播放陈奕迅老师的《好久不见》。

四

回答这个问题。

有什么不论搬家到哪里都不会扔的东西吗?

对于我这种极端怀旧的人,你应该问:你有什么搬家会扔的东西吗?答案是:没有。我从纽约搬到上海的时候,不带的家具运到俄亥俄州我爸妈家,其他的破烂全部搬到上海,居然用了半个集装箱。

有人说，提高生活品质的方式之一就是定期扔东西，您觉得这种说法对不对？

不对。

偶遇

Q 　　一个粉丝碰到自己的偶像,怎样的招呼方式比较得体呢?

　　多年前,我有过一个女朋友,清华九三级计算机系的,杭州女生,很漂亮。

　　分答里我好像提过这个人,那次是有人问我做没做过很傻的事情,我说当然做过了,比如我年轻的时候就反过日。

　　那天的场面,我记得很清楚,我们两个在我家聊天,聊着聊着,就聊到了日本,杭州小女生表示了一下她对日本的喜爱,我的反应现在回想起来，实在是难以理解，我先是跟她说了一大堆大道理，然后说着说着，自己居然生气了，声音越来越大，后来还摔了门。

后来分答有人问，如果我能回到二十岁，我会对自己说些什么？我具体的回答不记得了，大意是：我多想告诉当年的自己，你是一个大傻缺啊。

那个女生叫张奕。

后来因为我做的其他一些傻帽的事情，我们分手了。那时候，她也在美国，不过在另一所学校，离我上学的学校只有两小时的车程，但分手之后，我们一直没有见过面。

她毕业去了得克萨斯州，听别的朋友说的，得克萨斯州很远，开车要开一天。过了几年，张奕又跳槽去了纽约，进了一家很著名的对冲基金公司。

我去纽约之前，曾经设想过种种与张奕不期而遇的场面。后来倒真的"偶遇"了一次，不过，跟我设想的场面完全不同。

贴一篇当年的博客吧。后来，我再没见过她。

纽约很大

2006 年 2 月 3 日

后来发现来纽约之前，很多关于这个城市的想象都是不准确的。记得小时候在报纸上看过一幅有关纽约的漫画：高楼林立导致街道上完全没有阳光，人们愁眉苦脸地在阴影中逡巡。

我以为纽约会很脏，但事实上，这里的空气出奇地好；我以为纽约会很乱，黑帮大半夜持枪在马路上行凶，警察大白天打着手电在犯罪现场调查，而实际情况远没有那么刺激；我以为在曼哈顿开车会很费劲，得跟无数老练蛮横的出租车司机斗智斗勇，而事实是，纽约的出租车司机大多刚到美国，平均驾龄不到两年，跟清×男生有一个共性，那就是统一面、非常面；我以为纽约很大，有逛不完的博物馆和经历不完的新鲜体验，而其实纽约很小，说来说去，就是那么几个地方，而且好几年如一日，没什么变化；我以为纽约很小，我会和张奕不期而遇，可是纽约很大。

临来纽约前，一个朋友在喝多了之后热心地设想过我和张奕重逢的种种可能。好像大部分场景都是在酒吧或者club（俱乐部），情节比较武打的一场：是我正好好地跟人聊天，突然横空飞过来一掌，我转过头，这时候，她狠狠地说："浑蛋！"要是走文艺片的套路，就这么着：她在远处认出我，穿过人群，径直朝我走过来，走到面前的时候，一下子把手上的半杯红葡萄酒全泼在我的白衬衫上，然后扭头走开。

记得那天刘育慧听不下去了，说："去去去，你们别瞎想了，最有可能的结果是，人家根本就不爱理你，这才有悲剧的效果。"那时候，我倒是希望在大街上突然碰到她。刚到纽约的有段时间，我走进商店就会莫名其妙地紧张和兴奋，以为她会随时出现。

后来，我真的碰到她一次，在一个朋友的生日Party上。那天晚上的那个 club 光线很暗,她一开始没认出我来,把我当成她的一个中学同学,寒暄了半天。

30 岁的我

Q 分别对于男性和女性而言,怎样的人生才是圆满的?与 30 岁时相比,现在的思考方式、处世态度和人生目标分别有何差异?为什么会形成这样的差异?

关于人生,我还是引用我的偶像伍迪·艾伦老师的话吧。

在电影《安妮·霍尔》一开场的时候,伍迪·艾伦老师上来先对着镜头讲了一个段子,他说:

There's an old joke — um... two elderly women are at a Catskill mountain resort, and one of 'em says, "Boy, the food at this place is really terrible." The other one says, "Yeah, I know; and such small portions." Well, that's essentially how I feel about life — full of loneliness, and misery, and suffering, and unhappiness, and it's all over much too quickly.

我来翻译一下啊:

有这么一个老笑话,嗯,两个老太太在卡兹奇山的一个度假村,其中一个说:"妈呀,这地方的东西也太难吃了。"另一个说:"是啊,我知道,而且量还这么小。"你瞧,这基本就是我对人生的感觉——充满了孤独、苦难、折磨和不快乐,而且一切都结束得太快。

30岁的我,还没爱上伍迪·艾伦老师,还不知道有这个段子。

怕死的理论依据

Q 应该好死,还是赖活着?

这两天,我在看一本闲书,其中有一段讲到"自杀"这个话题。

书里提到美国一个叫 David Lester(戴维·莱斯特)的专门研究"怕死"的心理学教授,提出过一个被学术界广泛认可的"Collet-Lester 怕死尺度",专门用于衡量一个人有多怕死。

我发过一条微博,说:"我觉得我至今还活着的一大原因是对未来的世界有点好奇,虽然我明知道我不会喜欢,可我还是有点好奇。"

我很为这句话得意,很文艺、很煽情,可惜尽管不是真的。

我是一个很怕死的人,一想到那种永远永远的消失,我就会不寒而栗。我想,要是拿这位教授的怕死尺度来测量一下的话,我估计会爆表。

这人除了发明了怕死尺度,还花了大量的精力研究自杀,试图找到自杀跟抽烟、喝酒、吸毒、抗抑郁症药物、节假日、血型、星相、全球变暖、老虎咬死人、"双十一"、穿山甲消费的关系(好吧,有几个是我编的),他最后得出的结论是,找不到一个关于自杀的优雅、简洁、统一的理论。

除了一条。

他说,不妨把这个理论叫作"谁也赖不着"自杀理论。在解释这个理论之前,我先问一个问题吧:你觉得是失败者自杀率高呢,还是高富帅自杀率高呢?

失败者?错!很多研究发现,是日子过得相对好的人更容易自杀。如果你过得差,但是你可以把你不快乐的原因赖到别人头上,这样,你反倒会对自杀有一种免疫。

只有当你觉得"谁也赖不着"的时候,你才会责怪自己,而选择自杀。

所以,失败者有失败者的好处。

最后还是引用一句我偶像伍迪·艾伦老师的话吧,他说:"我不想通过我的作品到达不朽,我想通过不死而不朽。"

书香门第

Q 出身书香门第是一种什么样的体验?

想起一个老笑话。

说贵族学校招生,老师拿出一张一百美元的钞票考试,问:这是什么?

第一个小朋友说:"这是一百美元,我们家多着呢。"这个小朋友没有被录取。

第二个小朋友说:"这是我妈给乞丐的废纸。"这个小朋友也没有被录取。

第三个小朋友说:"不知道。"这个小朋友被录取了。

关于书香门第这个问题,也是一样。

那种一说起书香门第就唾沫星子乱飞、使劲跟别人点名的,属于第一种小朋友。说实话,迫不及待给你报人名的人,往往真实身份都有点可疑。

还有一种是故弄玄虚、不直接点自家人名,而是说什么"某某就住我对门,某某和我家是世交,或某某他孙子就是我们院里的一个小混混……"之类,"某某"可用林徽因、粟裕等填空,我就不列举了,自己脑补一下吧。这号人属于第二种小朋友,比如某某名嘴。这一类总想暗示你他家的显赫,说实话,还不如第一种小朋友,太鸡贼,用力过猛,痕迹太重。

对于一个真正在所谓书香门第长大的孩子来说,你最有可能听到的答案是:什么是书香门第?

这是第三种小朋友。

小费的故事

Q 看了一篇关于 Giving tips（给小费）的文章，很有感触，您会给 waiters（服务生）一些 tips（小费）吗？褚老师，想听听对于 Giving tips 的看法。

一

先啰唆两句啊，tips 这个英文单词有两种可能的意思，一种是"小建议"，比如说："我明天第一次去相亲，你有什么 tips 吗？"

同样一句话，说法不同，则马上能暴露你的说话水平。

"我明天第一次去相亲，你有什么 tips 吗？"这是 papi 酱（姜逸磊）老师的说法。

"我明天第一次去相亲，你有什么建议吗？"这是高层次的说法。

"我明天第一次去相亲，你有什么贴士吗？"这是普通人的说法。

二

啰唆完了。

我知道你说的是另一个意思："小费"。

我在美国上学的前几年，在一个酒吧打过工，每星期三、星期四晚上三个小时，星期五、星期六晚上四个小时。我先给你描述一下这个酒吧啊，这家酒吧放在现在的北京、上海，应该会显得很过时，但是当年在那个美国小城，绝对算得上是当地一个非常高大上的场所。低调复古风装修，服务人员大都是找不到工作的文科、艺术类毕业生，比如一个叫肯特的男的，居然是芝加哥大学学美术史的，自己画画也训练有素，后来老板发现了他有这个本事，经常折腾他，让他画广告画。

这样的场所通常不会吸引爱热闹、消费能力有限的年轻人，最主要的顾客群体是工作了几年、挣了些钱的老白领和小老板，用现在有些人的标准来说应该叫"成功人士"。美国人出了名的爱家，中年人去酒吧大概有两种情况，一种是下班跟同事喝两杯，一种是约会。据我观察，后一种居多。这么说吧，这个酒吧就是"中年鸳鸯"

的约会圣地。无聊吧?

你猜猜,中年约会圣地,什么乐器最受欢迎呢?你猜对了,钢琴。这个酒吧里不仅没能免俗有一架钢琴,而且是一架恶俗的白钢琴。

我的工作内容是弹钢琴。一星期四个晚上。

钢琴上有一个大玻璃杯,用来放客人的小费。

三

《异类》里不是有个"一万小时定律"吗?说什么事情只要你坚持做一万小时,就能成为大师,比如莫扎特,比如 The Beatles(甲壳虫乐队)。

我那几年在那个酒吧弹琴的时间,加起来虽然没有一万小时,但几千小时肯定有了。不幸的是,弹琴技术不仅没有进步,反倒退步了,每天都是在重复一些中年鸳鸯喜闻乐见的音乐和一些口水歌,虽然弹得烂熟,但对技术要求实在太低,几年后,不仅技术退步,而且演奏里多了一种酒吧钢琴手常有的令人生厌的油滑。

琴没弹好,有一件事倒是真练成了大师。

虽然有基本工资,但我收入的大头是客人的小费。增加小费收入有很多办法,比如一个客人点过一首曲子,等他下次再来,一进门,你没等他点,就主动把手头的曲子转到他上次点过的那首上去,他肯定觉得特别有面子,一大笔小费是肯定的。

有时候,连弹客人点过的曲子也没必要,这要看人,弹了反倒显得太用力、太鸡贼,点个头表示认出老客人就足够了。更无耻的办法是，就算你不确定是不是老客人，只要你做出认识他的样子，他通常都会很受用，尤其是身边有朋友的时候。

这一切的关键就是，察言观色，对客人的类型进行准确、快速的判断。更精确地说，你需要的是在最短的时间里区分出"好客人"与"坏客人"的能力，好客人、坏客人的定义很简单，好客人就是会给你小费的客人，坏客人就是不会给你小费的客人，这样可以避免你在无价值的客人身上浪费时间和音乐。

当时我的这个能力绝对到了大师级水平。一个以前没来过的陌生人一走进来，他的相貌、穿着、举止、目光经过的路径等加一起，绝对有好几个G的数据，我能在他从进门到坐下这几秒钟之内，判断出这人会是个"好客人"，还是个"坏客人"，准确度极高。

哎呀，我真俗！

四

我要是只是俗就好了。

那样，"好客人"也就是我心里最尊重的客人了。告诉你一个秘密吧，给小费最高的"好客人"，在服务员心里未必是最被看得起的客人。

NPR（国家公共电台）就小费的问题，采访过纽约不同行业的服务人员，我记得一个高端美发师在接受采访的时候说，那些家住第五大道豪宅的贵妇常客通常都很小气且挑剔，而好应付，又给他小费最多的，反倒是一些难得高消费一次，在他面前缺乏安全感的小白领。

你瞧,小白领本来想多花点钱买个面子,结果却正相反,买了个瞧不起。

我是想说:我不仅俗,而且势利。

我想,人都差不多。

我的理想

Q 怎么看康熙的石刻作品"宁静致远"?

小时候,经常被问的一个问题是:你长大了想当什么?

通常别人家小朋友的回答是:"我想当解放军""我想当医生""我想当老师",或者"我想当科学家"什么的。

而我的回答是:"我想当售票员。"

我小时候觉得售票员是一份很神气的工作,首先,每天可以坐汽车,不用排队,还有座位。其次,售票员手里的翻毛皮包我认为很帅,而且除了售票员,我没见过任何人有这样的皮包。还有就是那种很粗的红蓝铅笔，商店里没有卖的，我一直很想有一支。

但这一切都比不了售票员的另一项特权——开关车门。

我好多年没坐过公共汽车了，不知道现在的车还是不是跟当年一样。我小的时候，北京的公共汽车，开关车门的权力是掌握在售票员手里。在车门旁边，通常会有一个高出其他座位不少的"售票员席"，这个令人羡慕的席位上，除了座椅，还有一排神奇的按钮，按下去的时候，首先，你会听到很大一声放气的声音，然后车门就会应声而开，或者关上。

对于一个计划经济时代的北京儿童来说，这东西的迷人程度不亚于现在小孩眼里的游戏机。除了是一个神奇的机器，这个玩具的另一个让我羡慕不已的功能就是：你可以用它来夹人。

这个功能是我通过无数次乘坐公共汽车，并认真关注售票员阿姨的工作学到的。

我想说的是，有的人一辈子就坐在那么一个狭小的座位里，一共就那么一点点小权力，但他总是会想方设法充分地行使这个难得的权力，让这个权力的作用最大化。

上小学以后，有人再问我长大想当什么，我改了口，说我长大想当科学家。当时大家都这么说，后来我发现大家只是这么一说，最后都去做生意什么的发了财。只有我傻呵呵地当了真，真的当了个"科学家"。相当于炒股炒成了大股东，泡妞泡成了老公。

更不幸的是，前几天，为了开通微博问答，想弄个微博认证。人家跟我说，抱歉，不能认证成"科学家"，不存在这个类别。

诸葛亮老师给他儿子写信，说："非淡泊无以明志，非宁静无以致远。"
我觉得我够"宁静"的了，可还是没走多远。

Acquired Taste

Q 评价别人容易,评价自己很难,不知你怎么评价自己?

你知道吗,英文里有一个说法叫 acquired taste,不是我装外宾或者学 papi 酱老师啊,这个词组在中文里还真不好找到一个简洁、贴切的对应说法。

看看现在炒作得很热的人工智能是什么水平。

百度翻译：

后天的味道？完全不知道是什么意思。至于金山词霸的"爱好、嗜好"，更是瞎翻译。

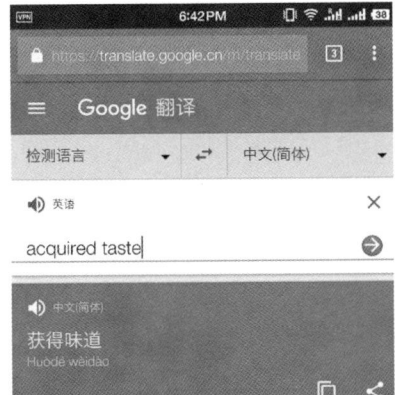

谷歌翻译：

"获得味道"，这基本就是一个一个词翻译过来的，让人想起了早期 Windows 系统里让人哭笑不得的中文菜单。

微软翻译更差，什么"后天添加的味道"，纯属驴唇不对马嘴，我就不截屏了。

那这个说法到底是什么意思呢？

我给你举个例子吧,比如小孩都不爱吃辣椒,因为辣本身就是一种痛感,跟被烫到的感觉没什么差别,但是对辣经过一定的接触和曝光之后,这种痛感反倒成了一种愉快的美好体验,甚至吃东西的时候,没辣椒会觉得不好吃。

辣就是一种 acquired taste。

再比如,酒包括白酒、啤酒、葡萄酒,也是一种 acquired taste,人本能是厌恶这种又苦又涩的味道的,一个小朋友如果不是被大人怂恿,自己是不会主动去喝酒的,甜的果汁、汽水之类的饮料才是小孩子的首选,但不管是出于逞能,还是好奇,喝过酒之后,一些人会逐渐接受,进而爱上这种味道,严重的还会成为酒鬼。

类似的例子还有咖啡、臭豆腐等等。

Acquired taste 的意思是那种你一开始本能地觉得厌恶,后来逐渐培养出来的品位。通常这是一种儿童不宜,只有成年人才有可能学会去欣赏的品位。

褚老师是一种 acquired taste。

奥兹国的魔法师

Q 好奇你的照片都是谁拍的?

还记得《大红灯笼高高挂》吗? 1991年的电影,张艺谋老师导演,侯孝贤老师监制,在国外得过一堆的奖:威尼斯电影节银狮奖、奥斯卡金像奖最佳外语片提名、意大利大卫奖最佳外语片、英国电影学院奖最佳外语片、国际影评人协会大奖、美国国际影评协会奖最佳外语片、美国纽约影评人协会最佳外语片奖、比利时影评人协会大奖等等,2015年被英国《帝国》杂志评为电影史百部最佳外语片第28位,是排名最高的中国电影。除了能得奖,当年还创过中文电影北美票房纪录。

故事本身没什么奇巧,讲的就是民国年间一个大户人家几个姨太太争风吃醋引发的悲剧,苏童老师原著的题目很直白很牛,就叫《妻妾成群》。

电影取了《大红灯笼高高挂》这么一个俗名,我一开始以为是受了香港电影命名的传染。香港人特别爱给电影起七个字的名字,比如《巴士奇遇结良缘》,外语片也不放过,好好一部叫 Leon 的电影,到了香港就成了《这个杀手不太冷》。更可怕的是,美国电影《音乐之声》,在香港居然叫《仙乐飘飘处处闻》!

电影里有这么一个仪式,男主角"老爷"某一天要到哪房姨太太那里过夜,那位姨太太房门前就会挂起一个红灯笼,犯错误得罪了老爷的惩罚是"封灯",用黑布把灯笼包起来,再也不跟你耍流氓了。后来听说这个挂灯、封灯的情节,苏童的原著里没有,是张艺谋原创的。所以,电影题目跟灯笼有关,也情有可原。

几个姨太太的扮演者都很出彩,比如演女主角四姨太颂莲的巩俐,演三姨太梅珊的何赛飞,我一直觉得何赛飞是中国女演员里少见的大美女。

这部电影公映的时候,我还在上大学,看电影的时候,就忙着暗恋何赛飞了,后来看影评才发现,敢情我根本没看懂,人家导演处心积虑编排的各种深刻隐喻,我一概没看出来。比如美国人说电影压抑的画面和情节暗指中国社会的压抑,比如大家说那个大院象征中国文化的封闭,比如灯笼象征什么,挂灯象征什么,封灯象征什么，老爷暗指某某人什么的。

这么深刻的电影，难怪会得这么多奖。

据说整部电影最深刻、最牛、最引人深思的一点就是：男主角"老爷"虽然无所不在，可是从头到尾，他从没露过脸！

牛！

好吧，啰唆了半天，这就是我想说的答案——画面外，有一个永远不露脸的、存在或者不存在的神秘摄影师这件事，可以给你提供一个无穷无尽的想象空间。比如，你就不能排除摄影师就是我暗恋多年的何赛飞老师这种可能。

真相一旦公布，则可能会很无趣。

再举个电影的例子吧，1939年，美国电影《奥兹国的魔法师》，被翻译成了《绿野仙踪》。传说中的奥兹国的魔法师很厉害，但很神秘，从来没人见过他，多萝西和她的朋友们历尽千辛万苦终于找到他的时候，却发现只不过是一个不会魔法、令人失望的小老头。

咱们还是让奥兹国的魔法师接着做他的魔法师吧。

\ 第七章 \

采访

Q 为什么喜欢罗大佑？

你的微博简介是《将进酒》的歌词，为什么用这句话？

"我未曾珍惜的，我不再拥有。"这句话几乎概括了我的整个人生经历。而且我好像并没有因为知道这件事情而有什么长进。《将进酒》是一首写得很牛的歌，一共三段，没有副歌。第一段感慨历史故国什么的，第二段感慨爱情，第三段感慨时间青春。不过，我现在很少听罗大佑的歌。你发现了吗？熟悉的音乐、声音给人带来的情感冲动，比文字、图像要直接、强烈得多。我这人太怀旧，以至于大部分时候，没有勇气放纵自己去回忆。还是那句话说得好：我未曾珍惜的，我不再拥有。

Q 看你的教育背景是物理和电子工程，你的毕业论文写的什么？能用通俗的语言解释给我们听吗？

你看过美国电影《2001太空漫游》吗？Stanley Kubrick（斯坦利·库布里克）导演的经典科幻片，比什么《星球大战》强太多了。里面关键的一场戏是两名宇航员想商量怎么把发了神经的机器人HAL关机，为了防止HAL听见他们说话，特意把自己关到一个隔音的逃生舱里。可是HAL还是透过逃生舱的窗户，看到了他们说话的嘴形。我的博士论文就是做这个的，用计算机视觉的方法，做"语音识别"。不过这部电影是1969年拍的，幻想2001年的事情。我博士毕业已经是2003年了，那时候，Kubrick已经死了四年多了，他当时要是还在世，一定对"未来"很失望。

Q 很多朋友评价你是分答上声音最好听的人，你接受过声音训练吗？看你玩过乐队，在乐队里负责什么乐器？

我弹键盘。大学的时候，我们乐队请过一个很牛的老师，叫张以慰，他不仅不让我主唱，甚至连和声都不让。用张老师的话说，我的嗓音"憋麦克风"，就像我们那时候形容女生丑，会说长得"憋

镜头"。

我刚发现，这前三个问题的答案都跟声音有关，看来我还真跟分答这样的语音应用有瓜葛。

Q 你怎么评价"科学家种太阳"？很多人说你们是分答两大男神。

《圣经·旧约》里十诫的第三诫说："不可妄称神的名。"你瞧，神都是不能叫真名的。从这个角度来看，"科学家种太阳"老师用的不是真名，是男神。而"褚明宇"就是我的名字，随便叫。所以，我肯定不是什么神。

Q 你在分答上都偷听谁的语音？

基本不听，我在牛博上写博客的时候，也不看别人的博客，除了陈晓卿老师和黄章晋老师。

Q 爱听谁的相声？有想过自己上台说相声吗？

我在纽约住过 10 年，加起来听了不少 Rap（说唱）音乐，都是开车等红绿灯的时候听的，黑人总是喜欢在汽车里装低音炮，然后大声放音乐。

我没听相声的习惯，我现在所有的相声都是在北京的出租车上听的。

Q 来个找碴的，你总表现得那么聪明，有做过很傻的事吗？是什么，哈哈……

谁没傻过呢？比如我年轻的时候就反过日。

Q 替我们的女实习生提个问题，你有很多的女粉丝，在你的心中，什么样的姑娘是好姑娘？

漂亮、善良、聪明，也就是体、德、智全面发展。注意顺序，外貌排第一。如果你长得丑，那么很少人会有兴趣去了解你的聪明、善良。

但是如果你真是一个又聪明又善良的丑女，那么其实你是最幸运的，因为丑是最好解决的，相比之下，笨和坏是很难改变的。听褚老师的，赶快去整容吧。

Q 有什么很想回答，却又没人问的问题？
___

我们公司有一位领导讲话特别爱自问自答，而且问题里的"呢"字总说成"捏"，特别烦人。

放弃幻想

轻装前进